艺术家的花园

[英] 杰基·贝内特 著

光合作用 译

重庆大学出版社

目录

扉页《画向日葵的梵高》（1888），作者保罗·高更
前页《睡莲》（1915），作者克劳德·莫奈。
左图《哈森夫人在东汉普顿的花园》（1934），作者弗雷德里克·施尔德·哈森。

引言

一位艺术家走出画室，手中拿着画笔和调色板，在花园小径上支起画架、戴上帽子遮挡刺眼阳光的那一幕，无疑是他或她工作中最为迷人的场景。不论业余或专业，在花园的声色光影中作画、捕捉它的形与美，有什么比这更能激发艺术家们的灵感呢？

在花园中度过时光确实是令人耳目一新的体验，但当艺术家在户外支起画架时，他们究竟想要寻求的是什么呢？有的画家描绘花园中的具体影像，而另一些人则以花园为情感的触发点，抽象地将这些情感表达出来。与静物写生相比，花园自有它明显的优势，它会不断产生变化，随着季节更替呈现出不同的色彩、轮廓和景观。不仅如此，每一年花园都会改头换面，总会出现新的亮点或视角，为绘画创作带来无尽的可能。莫奈在吉维尼的花园便是极佳的例子，证明花园也可以成为数百幅伟大画作的催化剂。通过在花园中年复一年地描绘同一主题，艺术家的绘画技巧也从青涩到成熟，最后直至完美。以莫奈为例，他在生命的最后几十年里，除了自己的水景花园，几乎没有涉足过其他主题。

许多艺术家都渴望拥有自己的花园，将喜爱的植物种在身边。从雷诺阿、塞尚，到萨尔瓦多·达利和弗里达·卡罗，这些世界顶尖的艺术家们打造出的一个个真实存在的花园，正是本书的主题。相较来自他们画作的最初印象，这些艺术家的花园、橄榄园、葡萄园和菜园，能让我们对他们有更多的了解。

艺术家和花园之间的关系往往颇为复杂。19 世纪末在塞纳河畔生活和工作的法国印象派画家之中，皮埃尔·博纳尔、古斯塔夫·卡耶博特和克劳德·莫奈，都是知识渊博的园丁，对植物和艺术同样热爱。以巴黎为基地的艺术家也毫不逊色，毕沙罗、马奈、雷诺阿、高更和莫奈都争相为彼此的花园作画。其他艺术家也会为了个人目的“借用”他人的花园，例如著名的美国印象派画家弗雷德里克·施尔德·哈森，他在美国康涅狄格州旧莱姆的艺术家聚集地，以及缅因州肖尔群岛上西莉亚·萨克斯的花园里度过了数个如田园诗般的夏天。

许多艺术家在造园时会遵循自己深思熟虑的设计理念。例如，鲁本斯在安特卫普打造的巴洛克式的花园及屋舍，德国印象派画家马克思·利伯曼在柏林附近的万塞湖畔新建的宅邸和花园。而对另一些人来说，造园则意味着接受既有的景观，比如雷诺阿就从开发商手中救下了法国南部某片古老的橄榄树林。花园可以是一个训练场，这里有现成的花卉和主题可以入画，是提高艺术家技艺的理想场所。例如塞尚年轻

上图　美国印象派画家弗雷德里克·施尔德·哈森在康涅狄格州旧莱姆的花园里画苹果树。

右图　克劳德·莫奈是最早专注于户外创作的艺术家之一，在《撑阳伞的女人》（1875）中，他描绘了他的妻子卡米耶和儿子约翰。

时，就是在他父亲位于法国南部普罗旺斯艾克斯的花园里磨炼了他的绘画技巧。

露天作画

户外作画直到近代才相对多见，因为只有绘画技术进步之后，它才成为一种可能。对于欧洲早期的绘画大师们来说，鲜花需要采回室内，搭配好插在花瓶里或是握在模特手中才能作画。它们看着总有些不自然，想来也很难一直保持新鲜。

在文艺复兴时期的意大利，画家们运营着被称为画室（bottega）的工作室。在这里，学徒和弟子们准备画布，混合颜料，从大师那里学习技巧。列奥纳多·达·芬奇职业生涯的早期就是在佛罗伦萨的画室中度过的。而在鲁本斯成为艺术大师之后，指导着范·戴克等一众学生，坐镇安特卫普的宅邸及花园，经营着一家欣欣向荣的工作室。那时，素描可以在户外进行，而在画布或是木头上涂色，一直以来都必须在工作室内才能完成。混合颜料是一件既肮脏又危险的事情，因为矿物颜料必须手工研磨并与油混合之后才能制成绘画用的颜料。在19世纪之前的工作室里，随处可见清漆、溶剂、颜料以及磨砂玻璃和蜂蜡一类的辅料，看着简直像是化学实验室。

1781年，威廉·里维斯的专利“蛋糕”（cakes）问世，这是一种能够随身携带并随时随地复原使用的硬块颜料，这让水彩成为第一种真正便携的绘画材料。预混的油性颜料也更加普及，但便携性依旧欠佳。风景画家J. M. W. 透纳曾与朋友威廉·哈弗尔一

上图 《花园里做针线的莉迪亚》（1880），由出生于美国的画家玛丽·卡萨特创作，描绘了她在巴黎市外的马尔利勒鲁瓦居住的姐妹。在将印象主义引入美国这件事上，卡萨特起了重要的作用。

对页图 《克劳德·莫奈在阿让特伊》（1874），作者爱德华·马奈，描绘了画家在塞纳河小船上绘画的情景。

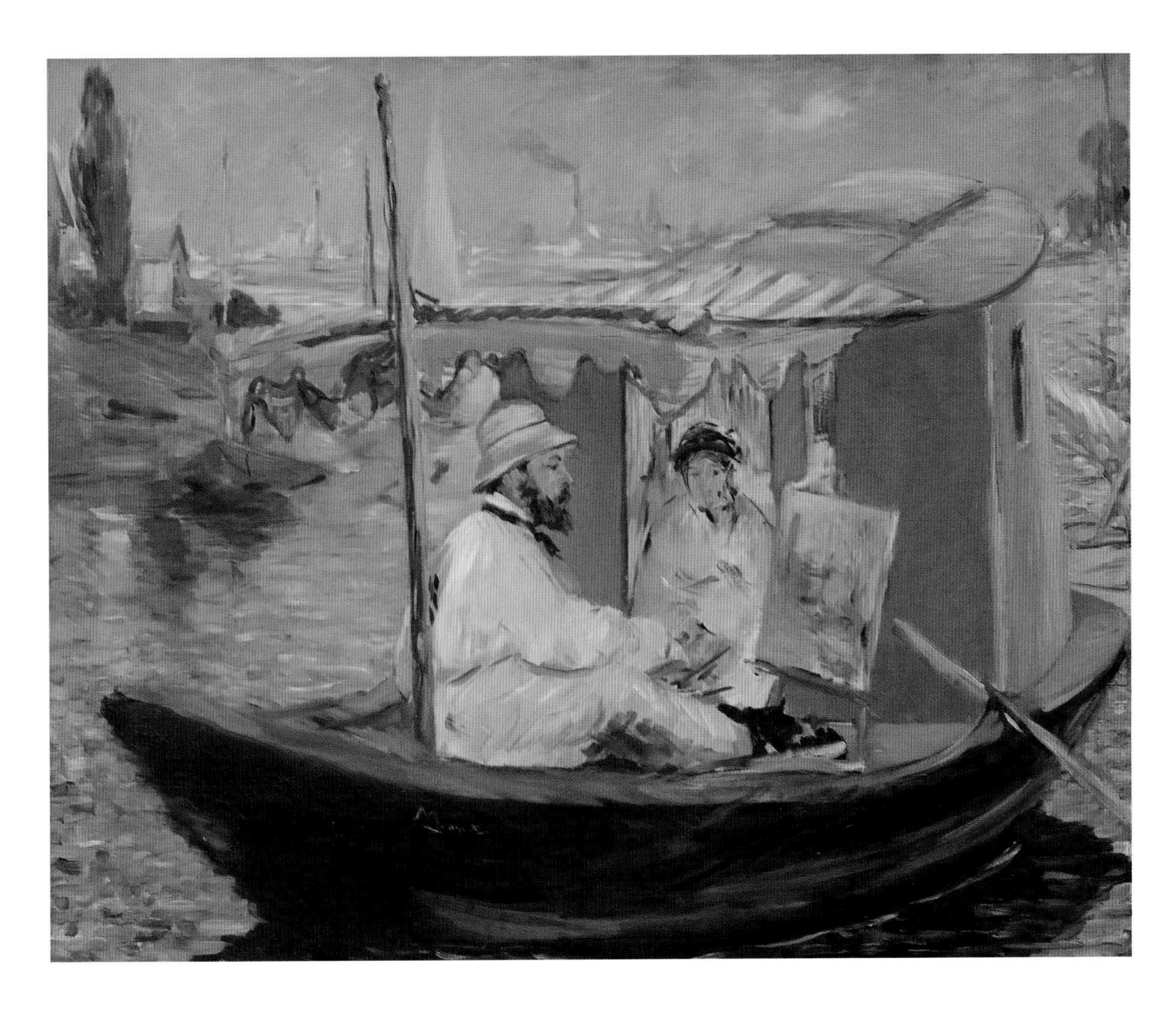

起，在特威克纳姆附近的乡村宅邸耗费数日，试验并设法证明油性颜料能够在户外绘画中使用。

美国肖像画家约翰・戈夫・兰德发明了一种金属管，可以将油画颜料装在其中，但直到1851年透纳去世，这一技术上的飞跃才出现。这种灵活方便的容器让画家获得了在户外工作的自由，露天一词也成为印象派运动的同义词。自那之后，一切翻天覆地，园林和风景画家终于得以尝试更自由地在室外作画。

印象派画家是艺术家园丁这一精英群体的先驱，他们将园艺和绘画这两种伟大的艺术形式结合在了一起。“印象派”最初只是嘲笑之词——源于1874年在巴黎一个另类展览上展出的莫奈画作《日出印象》，这幅笔触朦胧的画作描绘了他的家乡勒阿弗尔。一位评论家的文章在提及包括贝尔特・莫里索、塞尚和德加等人的作品时，讽刺地称他们是印象派画家。这个词后来被这些艺术家和媒体所接受，并衍生为19世纪及20世纪早期最有影响力的艺术运动之一——它渗透到德国和西班牙，跨越大西洋进而影响美国。对户外绘画的热爱，以及看待作画主题的崭新方式，是印象派画家的共同特点。

花园灵感

毋庸赘述，要拥有一座花园，必须具备相对安稳的生活方式，但后者往往不是画家们擅长的事情。亨利・勒・斯丹纳在法国北部的皮卡第打造了一座美轮美奂的月季园；P. S. 柯罗耶最为人所知的作品，是以其位于丹麦北部沿海城镇斯卡恩的花园为主题的创作；华金·索罗拉则醉心于其坐落于西班牙首都马德里的庭园。

他们都在绘画这一领域站稳了脚跟，有能力建房造园。包括上述几位在内的许多画家，得益于几个世纪以来的画材技术革新，才能相对悠闲地描绘自己或友人打造的花园。

而另外一些画家则没有这么幸运。描绘出世间最美的向日葵、罂粟、鸢尾的梵高，一生中却从未拥有自己的花园。在阿尔勒的黄房子，他与画家高更发生争执，割下了自己的一只耳朵后，他离开了那里，住进了普罗旺斯的圣保罗精神病院。那里有座占地约 8 万平方米的花园，设有一处环形喷泉与几何形布局的小径。小径通往更天然且更繁茂的树林区域。从 1889 年 5 月入院第一天起，梵高便开始以紫色的鸢尾和春花灌木丛为主题作画。尽管只能短时间维持平静状态，但梵高创作不懈，在逗留的一年时间里完成了超过 150 幅画作，其中包括艺术史上最为耀眼的一些名作：繁星密布的夜空，色彩浓烈的花卉。当梵高回到巴黎附近的奥维尔镇后，又以彼时已逝世的画家夏尔-弗朗索瓦·多比尼的花园为主题，绘制了 3 幅作品，他本人也将它们归于自己构思最为精妙的作品之列。

甚至一些并非以花卉画作成名、也不描绘花园的画家，同样肯定了花园对自己创作的影响。如亨利·马蒂斯的抽象艺术作品，就带有他在巴黎近郊伊西莱穆利诺所建花园的印记。他声称，正是花园里的那些花朵将色彩和形体烙进了自己的脑海。他在花园中建起画室，让自己保持与艳丽花朵的亲密接触。他说，拿着自己的画作与花坛对比时，后者的色彩总会让画作显得沉闷失色。另一些画家同样倾心于花园中的色彩。

现代主义艺术家如拉乌尔·达菲和保罗·高更，从他们在旅行中到访过的异域花园，尤其是那些位于北非诸岛的花园那里汲取灵感。相比于描绘某地特定的景致，他们的作品更着力于在花园里揭示自然中普

上图 《前往塔拉斯孔的画家》（1888），作者文森特·梵高，描绘了画家本人身背画架、手拿颜料的场景。据传原作在 1945 年的一场火灾后不知所踪。

对页图 在普罗旺斯的圣保罗精神病院住院疗养期间，梵高创作了不少以花园为题材的画作，例如《鸢尾花》（1889）就是他在入院头几周开始创作的。

世的、形而上学的方方面面。

园丁艺术家

抽象派的两位艺术大师，保罗·克利和瓦西里·康定斯基，也是狂热的园艺家。第一次世界大战前，克利在瑞士从事园艺活动，而出生于俄国的康定斯基则与伴侣加布里埃勒·芒特一起，在巴伐利亚忘我地打造一座花园。这些艺术家们都察觉并吸收了建造及打理花园所带来的创造性能量，克利甚至说，他觉得自己其实就像一株植物，他相信人类身体里流动的创造力就如同树木由下而上流淌的汁液，都源自脚下的土壤。

到了 20 世纪中期，成为一名艺术家园丁已经是被广泛认同的生活方式。英国艺术家赛德里克·莫里斯就过着这样如梦似幻的生活，他是一位伟大的植物学家、鸢尾育种家，也是一名花园画家。他在东安格

利亚的生活引起了新一代艺术和园艺爱好者的广泛兴趣，而他画的鸢尾或许是英国画家中最可能与梵高或者莫奈比肩的。20 世纪 40 年代，莫里斯和伴侣阿瑟·莱特-海恩斯，在他们位于本顿恩德的家中开办了一所艺术学校，人们后来称之为“艺术家之家”。他们的花园不仅仅吸引了艺术家，更吸引了包括维塔·萨克维尔-韦斯特和贝丝·查托在内的 20 世纪园艺巨匠。莫里斯对于植物育种的痴迷在他的画作里展露无遗，许多作品中都描绘了他所培育的有髯鸢尾，其中自然也包括那些以“本顿”为名的品种，比如“本顿·科迪莉亚”（Benton Cordelia）、“本顿·洛娜”（Benton Lorna），还有“本顿·法尔韦尔”（Benton Farewell）。虽然莫里斯在本顿恩德种下的鸢尾早已死去，但许多品种仍留存至今，可以再度栽种。

与莫里斯一样，许多艺术家都渴望将志同道合者吸引到自己的周围。从 19 世纪末开始到整个 20 世纪，艺术家群体在欧洲和美国遍地开花。

在英格兰，工艺美术设计师威廉·莫里斯与家人和朋友隐退到位于牛津郡的凯姆斯科特庄园；在苏格兰，格拉斯哥画派的男孩和女孩聚集在 E.A. 霍内尔位于柯尔库布里的家中；在美国东部，印象派艺术家在避暑别墅相会，那里的花园不仅仅是装饰，对他们的艺术创作与福祉更是至关重要。

自然避难所

画家和其他人一样，对世界性事件并没有免疫能力，但当他们遇到政治危机或个人危机时，往往都会回归到那个自己一手打造的地方，那个封闭的、为他

左图 《山月桂》(1905)，作者威拉德·梅特卡夫。这幅画展现了在康涅狄格州的佛罗伦斯·格里斯沃尔德寄宿公寓庭院里盛开的山月桂，作者在那里和其他艺术家们共度夏日时光，一起作画。

对页图 《花园里的两个女人》(1891)，作者P.S.柯罗耶。在丹麦北部的斯卡恩，艺术家们每年夏天都会聚在一起作画，通常以自己或者朋友家的花园为主题。

们提供逃避、滋养和灵感来源的地方——花园。对于20世纪30年代末生活在墨西哥城的弗里达·卡罗来说，尤其如此。蓝房子花园对她标新立异的生活和工作是不可或缺的，同时也成为流亡革命家利昂·托洛茨基的避难所。同样，在第二次世界大战期间，埃米尔·诺尔德退居丹麦与德国边境的一座小村庄，在那里他打造了一座充满活力的鲜花花园。即便是在宁静的英国一角，位于英国萨塞克斯郡的查尔斯顿花园也为布卢姆茨伯里派的艺术家们提供了选择另一种生活的机会，让他们得以在第一次世界大战期间逃避兵役。

本书是一次探寻伟大艺术家曾经打造和居住的花园、工作室和屋舍的旅程，这些地方至今依然存在，并向游客开放。第一部分介绍的是选择独居或与直系亲属一起生活的画家，而第二部分介绍的是艺术家社区中相邻而居的画家们。所有这些画家，无论是独居或是群居，都因种植水果、鲜花和蔬菜等园艺实践激发了灵感。他们成功地将造园与他们的艺术审美结合在了一起；花园滋养了他们的作品，他们的艺术也在花园中流淌。走在他们曾走过的小径上，在这些花园中徜徉，有助于我们理解艺术家们的日常生活，更重要的是，理解他们的绘画作品——那些最终改变和超越了现实的画作。

艺术家的家和工作室

列奥纳多·达·芬奇

法国，昂布瓦斯

这位被称为“列奥纳多”的男人，不仅仅是一位艺术家，也应作为发明家、军事建筑师、植物学家、工程师、制图师、雕塑家和哲学家为后人所铭记。尽管他才华横溢，但作为画家的列奥纳多并不高产，留存至今的画作极为稀少。与他在米兰圣玛利亚感恩教堂绘制的壁画《最后的晚餐》相比，他的研究

上图　人们普遍认为，这幅16世纪早期的自画像是达·芬奇50岁出头时的作品。

右图　位于卢瓦尔河谷的克洛·吕斯城堡。达·芬奇受法国国王弗朗索瓦一世的邀请来到此地，在这里度过了他人生中最后的岁月。

手稿和渊博的学识或许留存得更为长久。

在列奥纳多不多的作品中，有一幅作品引发了公众的诸多猜想。《蒙娜丽莎》，不仅是列奥纳多最著名的画作，也隐隐地佐证了他表达自然和人体间微妙关系的理论。列奥纳多还是一位热情的植物学家。移居到法国克洛·吕斯城堡后，他在卢瓦尔河畔的家中仔细研究植物，他对自然，尤其是植物的热爱也因此更加坚定。

早期赞助人

列奥纳多·达·芬奇出生在意大利托斯卡纳的芬奇镇。小镇坐落在佛罗伦萨附近，达·芬奇的名字也由此而来。他的父亲皮耶罗·达·芬奇是一位有名的公证员，母亲卡泰丽娜是家里的女佣，列奥纳多是他们的私生子。在列奥纳多5岁时，母亲无力继续抚养他，便把他永久地送回了达·芬奇家族。他的祖父母和一位叔叔将他养大。叔叔常带着年幼的列奥纳多在托斯卡纳的乡野间骑行。正是在蒙塔尔巴诺山，崭新的自然世界在列奥纳多面前展开，他逐渐深信人类的每一部分都与自然有着对应关系。

来到佛罗伦萨，并师从韦罗基奥后，列奥纳多的绘画生涯并非就此一帆风顺。24岁时，他曾被指控和同住在韦罗基奥家里的其他几人发生同性性关系，虽然这项指控后来被撤销。30岁时，他受人之托绘制多幅大型宗教画作，并于1483年获得米兰公爵卢多维科·斯福尔扎的赞助。在写给公爵的一封著名信件中，列奥纳多自称“能够建造轻便而易于迁移的桥梁……开挖壕沟排水……设计发射机和武器来发射飞箭……还能用大理石、铜或黏土制作雕塑”。这份自信绝非狂妄，他的确是一位技艺娴熟、务实的工程师，并且有着极富创造力的头脑。

1499年法国入侵时，列奥纳多离开米兰，效力于声名狼藉的政治家、教皇军队的指挥官恺撒·博尔吉亚。1503年，佛罗伦萨市政厅韦基奥宫需要绘制两幅壁画。列奥纳多受佛罗伦萨司法部部长、时任最高行政长官皮耶罗·索德里纳的委托，创作其中一幅；另一幅则委派给了米开朗基罗。这些壁画旨在赞颂佛罗伦萨那些著名战役的胜利：列奥纳多取材于1440年的安吉亚里战役；而在对面的墙上，米开朗基罗绘制的是卡西纳战役。

相比之下，米开朗基罗年轻许多，而且大家都认为他作画的效率更高。有传言说他们相互较量，彼此嫉妒。但最终，两位画家都没有完成他们的任务：米开朗基罗受邀去了罗马，为西斯廷教堂绘制天顶画；而列奥纳多尝试用油彩和灰浆混合作画未能成功。他想让画干得快一些，就用火盆烘烤，却烤化了自制的混合颜料。尽管如此，1500—1505年仍是列奥纳多一生中绘画创作最高产的几年，在这期间，他为佛罗伦

右图　列奥纳多的名作《蒙娜丽莎》(1503—1505)。画中人物名叫丽莎·格拉迪尼，是一位佛罗伦萨官员的妻子。

重建列奥纳多的葡萄园

1498 年，列奥纳多的赞助人米兰公爵赠予他一座小型葡萄园，离园子不远处是圣玛利亚感恩教堂，当时他就在那里潜心绘制他那幅复杂的杰作——《最后的晚餐》。在每天清晨和傍晚往返教堂的途中，列奥纳多都会在园中穿行，打理他那 16 排葡萄树。一年后，米兰公爵被法国人俘虏，列奥纳多设法收回了这份契约，直到去世前他都保有这座葡萄园。

这座葡萄园呈矩形，宽约 60 米，长 175 米。它历经了 500 年的变迁，奇迹般地留存至今。人们重新种植原来的葡萄枝条，复原了葡萄园当初的模样。这一举措旨在保存那些古老的葡萄品种，尤其是芳香型葡萄“玛尔维萨”。根据 DNA 检测的结果，15 世纪后期，这里种植的正是这一品种。2015 年，葡萄园连同相邻的花园和果园一起向大众开放。列奥纳多葡萄园也按照传统方法，重新开始用出产的葡萄酿制葡萄酒。

直到弥留之际，列奥纳多依然没有忘记他在意大利拥有的这一小块土地。他将葡萄园一分为二，留给了两位侍从，其中一位是跟随他多年的学生——莎莱（原名吉安·贾可蒙·卡坡蒂·达奥伦诺）。莎莱在米兰以及罗马和他共同生活了 25 年，直到列奥纳多前往法国的卢瓦尔河谷后他们才分开。

位于米兰的列奥纳多葡萄园

芳香型葡萄“玛尔维萨”

萨一名官员的妻子绘制了一幅肖像画——《蒙娜丽莎》。这幅画他一直都带在身边，终生都没有出售。

皇室的邀请

10 年后，列奥纳多的声名在他的祖国渐渐没落。随着他把更多时间投入军事工程方面，他在绘画方面开始被拉斐尔和米开朗基罗超越。他的赞助人逐渐减少，收到的委托也不如以前多了。此时在法国情形却恰恰相反，文艺复兴刚刚开始流行，相关的艺术家们在那里颇受欢迎，贵族和皇室对他们尤为追捧。大约在 1515 年，列奥纳多结识了年轻的法国国王弗朗索瓦一世。第二年，国王便邀请他移居法国，并任命他为宫廷画师和工程师，享受每年 1000 金埃居的津贴。列奥纳多没有理由拒绝这样一笔财富。1516 年 8 月，64 岁高龄的列奥纳多骑着骡子，翻越阿尔卑斯山前往法国。同行的还有他的厨师巴蒂斯塔·维拉纳斯和跟随他已久的学生弗朗西斯科·梅尔兹，这两人每年也能从国王那里获得 300 金埃居。列奥纳多也带来了他

列奥纳多·达·芬奇
(1452—1519)

克洛·吕斯城堡是列奥纳多·达·芬奇暮年生活和工作的地方。他受法国国王弗朗索瓦一世的邀请住进了这座城堡，当时64岁的他几乎已经被祖国意大利所遗忘。他随身带来了自己最重要的三幅画作，并在城堡里继续绘制他的植物图谱，想要汇编成一本植物志。同时，他还经营着一家工作坊，供其他一些艺术家进行创作。去世时，列奥纳多把杰作《蒙娜丽莎》留给了他的助理。助理后来把画卖给了法国国王，如今《蒙娜丽莎》仍留存在巴黎的卢浮宫。

去世500年后，列奥纳多的天才成就仍令后人仰望，他在艺术、建筑、解剖学、科学和工程学等领域给人们留下的宝贵财富不可估量。到了21世纪，他的创意、草图、手稿和那些超乎时代的想象力，越来越多地被证明切实可行。

《红粉笔画：一个男人的自画像》（约1510）被普遍认为是列奥纳多·达·芬奇的自画像，创作于他50岁左右

最珍贵的财产：他的笔记、素描和三幅画作——《圣母子与圣安妮》、尚未完成的《施洗者圣约翰》，以及从未离开过他视线的《蒙娜丽莎》，其中《施洗者圣约翰》被认为是他最后的杰作。

国王将列奥纳多安置在自己目之所及的昂布瓦斯卢瓦尔河畔，让他住进了自己母亲名下的宅邸，那是一座15世纪由砖石堆砌的漂亮城堡。刚刚登上王位的弗朗索瓦将列奥纳多安置在母亲的住所，显然是想要获得这位年长智者的引导，希望他给予父亲般的建议。此时的国王年仅22岁，生父早已离世——昂古莱姆伯爵查尔斯去世时，弗朗索瓦才2岁——他希望列奥纳多就在自己眼前。

列奥纳多和随行人员在城堡安了家，并为它重新取名为克洛·吕斯（Le Clos Lucé，意为被光明包围的庄园）。他于1516年10月抵达，随后着手的工作之一是绘制一幅描绘对岸皇家城堡壮丽景色的风景画。他延续了在意大利时使用的工作坊体系，把一楼的房间改建成助手和学生的工作室，鼓励他们进行多学科的研究。这实际上是一间学徒制的工作坊，涉及领域相当广泛，包括绘画、雕塑、剧院设计，甚至铁器、银器和金器的锻造技术。学生们不仅有充足的绘画和制图材料，还能直接以花园里的自然事物为主题进行创作。

城堡花园当时的风格我们无从得知，但很可能包括了食材花园和规整式花园，还有草地、葡萄园（列奥纳多自己的葡萄园留在了米兰）、鱼塘、鸽舍，以及蜂箱。鸽舍如今依然存在，里面的1000个栖架彰显了克洛·吕斯广阔的地域，毕竟每只鸽子觅食需要1公顷的区域。当时饲养鸽子不仅可以提供肉食，还能获得鸽蛋、羽毛，并为葡萄提供肥料。

列奥纳多留下的花园

1854年，圣·布里斯家族接手了克洛·吕斯城堡，他们对城堡的花园进行改造，种上了悬铃木、橡树、白蜡树、水杉和针叶树。整整100年后，即1954年，城堡及其花园开始对公众全面开放。

上图　列奥纳多宽敞的卧室，位于克洛·吕斯城堡二楼。

右图　列奥纳多在城堡运作的工作坊体系，助理和学生们使用的是一楼的房间。

“气流携着天边的云彩，像河水般流淌。”

——列奥纳多·达·芬奇，1482—1519

上图　克洛·吕斯城堡水景花园中的双层桥。花园设计于2008年，而园中的双层桥是依据列奥纳多的原创设计打造的。

对页图（从左上角起按顺时针方向）
列奥纳多设计的金角湾大桥的复制品；水景花园里的掌叶橐吾；月季“蒙娜丽莎”；低处的水景花园；文艺复兴风格的花坛；配有上千个栖架的鸽舍；城堡里的老磨坊。

20世纪末到21世纪初期，城堡的现任所有者弗朗索瓦·圣·布里斯，主持重建了花园，力求还原列奥纳多的风格。重建工程包括一片露台、菜园、水景花园，以及正在进行的对19世纪改建公园的维护。

当代景观设计师伯纳德·维特里在露台上打造了一个文艺复兴风格的模纹花坛，还将水景设计成几何形状。黄杨和紫杉树篱围合而成的花坛里，开满了名为“蒙娜丽莎”的红色月季。这些月季是育种家梅昂于2000年培育的品种，在克洛·吕斯城堡试种之后，才在世界范围进行推广。这种月季抗病性极好，从5月直到秋季都开花不断。

水景花园是对列奥纳多历史地位的全新诠释。它由奥利维尔·范·德·维尼克于2008年进行设计，灵感来自列奥纳多绘制的120多张关于建筑和工程设计的图纸，这些图纸大部分都未曾转化为现实。其中的一座双层桥，原本是为了应对15世纪末到16世纪初肆虐欧洲的鼠疫所作的设计。列奥纳多留意到城市的脏乱和污秽，他认为，如果人们在上层桥面行走，与下层桥面通行的车辆和牲畜分开，并在桥下铺设污水管，民众的健康状况就能改善许多。

克洛·吕斯城堡的这座木结构建筑第一次将列奥纳多的双层桥设

计转化为实体，同时也成为人们驻足观赏水面漩涡的绝佳位置。

克洛·吕斯的建筑哲学与时俱进且绿色自然——不使用化学制品，顺应自然而建，不把园丁的意愿强加给土地。这也是列奥纳多思想的重要信条：我们应当认真领会自然教授我们的规律，而非试图“驯化”自然。

克洛·吕斯公园差不多建在一片黏土沼泽上，而且常常会被卢瓦尔河的支流——拉玛赛河泛滥的河水淹没。在最下游的河面上，遵照1502年列奥纳多绘制的设计草图，架设了一座桥。这是列奥纳多众多巧妙设计中的一个，他绘制了桥的设计图并将其献给了伊斯坦布尔的苏丹。依据设计，这座大桥将横跨穿过伊斯坦布尔的博斯普鲁斯海峡。大桥的设计在建筑上堪称精妙，两个抛物线形的桥拱能消除横风的影响，足够高的桥面又使得船只在桥下能够满帆通行。可惜的是，和列奥纳多许多堪称远见卓识的创意一样，这座桥并未真正被筑造。2016年，挪威艺术家韦比约恩·桑德，带领一支由30名木匠和手工业者组成的团队，首次用木头以原设计十分之一的比例将桥梁建成（列奥纳多原先设计的大桥约10米宽、360米长），证实列奥纳多的设计完全可行，且比例完美。

自学成才的植物学家

列奥纳多有着广博的植物学知识，这一点看他从意大利带来的笔记就知道，那上面画满了详尽的植物图谱。在克洛·吕斯，他希望集结出版一本草本志，这40多张现存的野生植物图谱本该被收录进这本书里，但它们的存在说明这一项伟大计划又一次未能完成。若能成功出版，这本草本志必定会跻身西欧最早一批植物书籍之列。在他的手稿里有许多素描，画的是他在城堡花园的沼泽地发现的植物，比如欧洲桤木、欧洲荚蒾、马蹄莲属、黄菖蒲、蕨类、堇菜属、波叶仙客来以及圣母百合。

圣母百合也在他的油画作品《天使报喜》（约创作于1472—1475年）中出现过，这幅画作现存于佛罗伦萨的乌菲齐美术馆。在他1480年创作的第一版《岩间圣母》中，同样描绘着几种清晰可辨的植物，包括

圣子手边的丛生堇菜属植物，以及耧斗菜和黄菖蒲。这些植物的植物学特征被描绘得格外精准，很可能临摹了他写生簿上的植物图稿。

蒙娜丽莎的故事

阿拉贡红衣主教的秘书——唐·安东尼奥·德·贝亚蒂曾到克洛·吕斯拜访过列奥纳多，据他说，列奥纳多对三幅画作最为珍爱，其中一幅就是《蒙娜丽莎》。2016 年的研究表明，列奥纳多曾为他随身携带的另一幅作品《圣母子与圣安妮》绘制过草图，并在城堡中对它做了些改动。如此看来，这位艺术家似乎从未打算宣布作品完结，或许直到临终前几年，他仍在考虑如何修改《蒙娜丽莎》。

在列奥纳多这幅著名油画上的女子，身份并不神秘。她叫丽莎·格拉迪尼，是佛罗伦萨一位富有的公务员弗朗西斯科·戴尔·乔孔多的妻子。但是这幅画对于列奥纳多而言，象征何人，又意味着什么，我们或许永远都不得而知。女子披在最外层的薄纱叫作加尔内罗（guarnello），是孕妇常见的服饰。列奥纳多 5 岁时就离开了自己的母亲，他的这一经历也为这幅肖像画增添了一抹辛酸。

向自然学习

列奥纳多在他的作品《蒙娜丽莎》中，嵌入了各种符号来阐述他关于大自然如何反映人体运作的理论。这些符号包括托斯卡纳的树木——他认为汁液在植物体内运输，就好比血液在人体的静脉里流淌；岩石——被风化侵蚀的岩石景观象征着生理机能的自然

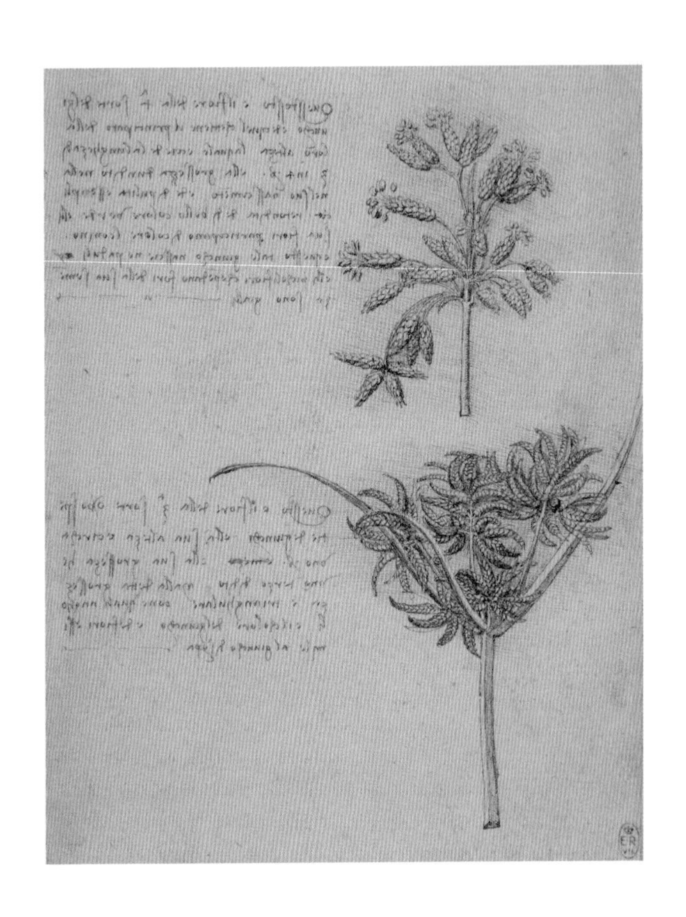

左图 《天使报喜》是列奥纳多和韦罗基奥合作完成的作品，画中的花坛和天使手中的圣母百合充分展示了他广博的植物学知识。

右上图 伞花虎眼万年青和丛林银莲花（英文俗名 wood anemone）的图稿，这是列奥纳多在克洛·吕斯想要汇编进草本志的两张图稿。

右下图 列奥纳多并未注明这两种莎草的名字，却细致地描绘了它们的植物学特征。

左图 一幅较晚时候创作的油画刻画出了列奥纳多和法国国王的密切关系。这幅让·奥古斯特·多米尼克·安格尔画的《达·芬奇之死》(1818)被呈献给了弗朗索瓦一世，克洛·吕斯城堡达·芬奇卧室的墙壁上挂着的是这幅画的复制品。

对页图 这幅丝网印刷的《蒙娜丽莎》挂在克洛·吕斯城堡的花园里；列奥纳多一直把原作带在身边，最后送给了他的助手弗朗西斯科·梅尔兹。梅尔兹后来把画卖给了法国国王，这就是《蒙娜丽莎》如今仍保存在巴黎卢浮宫的原因。

衰退；还有流水，代表的是逝去的时光。

在他去世前10天，列奥纳多在城堡里把《蒙娜丽莎》送给了他的助手弗朗西斯科·梅尔兹，这也体现了他们之间的亲密关系。后来，弗朗索瓦一世出价4000金埃居从梅尔兹手上买下了这幅画，这幅画因而得以留在法国500年之久。1911年，有人将它从巴黎卢浮宫盗走，想要卖给一位佛罗伦萨的古董商，这位商人当即向当局报了警。《蒙娜丽莎》因此回到了她原先在巴黎的家。每年都有数百万人前往那里，一睹她的芳容。

回到克洛·吕斯，城堡的卧室里挂着的一幅油画绘制于列奥纳多去世之后，描绘了列奥纳多·达·芬奇弥留之际，悲痛欲绝的弗朗索瓦一世守候在他床边的情景。事实上，1519年5月2日画家去世时，弗朗索瓦一世并不在昂布瓦斯。尽管画上描述的事件并不真实，但其中蕴含着的悲痛却没有半分失真。列奥纳多去世后被葬在河对岸的昂布瓦斯皇家城堡里，不远处就是那个曾经给他最后的创作带来些许启发的花园。

列奥纳多·达·芬奇大事记

1452 皮耶罗·达·芬奇的私生子列奥纳多出生，诞生地在佛罗伦萨附近

1482—1499 在米兰为卢多维科公爵"摩尔人"工作；1489年开始创作《最后的晚餐》

1499 带着助手吉安·贾可蒙·卡坡蒂·达奥伦诺（莎莱）离开米兰；担任军事建筑师和工程师

1502 被恺撒·博尔吉亚（马基亚维利的名作《君主论》中的原型）聘请为军事建筑师；周游意大利

1503 在佛罗伦萨开始创作《蒙娜丽莎》，并着手创作韦基奥宫的两幅壁画中的一幅

1516 接受法国国王弗朗索瓦一世的邀请，前往昂布瓦斯的克洛·吕斯城堡定居

1519 5月2日在克洛·吕斯城堡去世

彼得·保罗·鲁本斯

比利时，安特卫普

在彼得·保罗·鲁本斯身处的那个年代，他无疑是公认的艺术大师。他精通6种语言，以宗教和宫廷画师的身份进入外交领域，又转而涉猎建筑、花园设计和印刷等行业。23岁时，他就被知名的安特卫普圣路加工会接纳为会员，之后他前往意大利游学，在曼图亚、热那亚和罗马度过了8年时光。

左图 《花园漫步》（约1630），图中人物为鲁本斯、他的第二任妻子海伦娜及儿子尼古拉斯。作品完成于他婚后不久，为人们呈献了一座饱含爱意的花园，这也是画家的安特卫普花园面貌的写照。

上图 鲁本斯所作《自画像》（约1628—1630）。

鲁本斯通过融合弗拉芒画派和意大利绘画艺术，成功塑造了自己特有的风格。由于他的存在，安特卫普成为低地诸国（欧洲西北沿海地区的荷兰、比利时、卢森堡三国的统称）的巴洛克艺术中心。鲁本斯同时还是一位造园者。虽然植物和花卉主题在他的作品中出现得并不多，但他仍然称得上是一位热衷于植物学的业余爱好者，同时他也收集了许多相关的书籍，拓展自己植物学方面的知识。

早期生活

鲁本斯的父亲是一位信奉新教的律师。他曾担任过地方法官，由于受到宗教迫害而逃离安特卫普。也有传言称，他因为与威廉三世的妻子有染，所以被流放到德国锡根，后者正是1577年彼得·保罗·鲁本斯出生的地方。父亲去世后，年仅10岁的鲁本斯随母亲及兄弟姐妹回到安特卫普，进入拉丁语学校学习。正是在那里，他开始对人文主义有所认识，并学习了各种语言。鉴于鲁本斯的这些经历，他选择画家这一职业相当出人意料。但他在艺术方面也确实展现出了非凡的天赋。从14岁开始，他先后师从景观画家托拜厄斯·维尔哈希特和奥托·范·维恩。维恩将鲁本斯带入安特卫普协会，鲁本斯前往意大利游学也很有可能是他的建议。

1609年，鲁本斯游学归来一年后，他被西班牙皇室的艾伯特和伊莎贝拉任命为宫廷画师，他们虽身在布鲁塞尔，却是尼德兰南部地区的统治者。鲁本斯并未像其他宫廷画师那样，前往宫廷所在的布鲁塞尔，而是依旧留在家乡安特卫普，保持着独立创作的状态。17世纪早期，安特卫普的斯凯尔特河以东充斥着杂乱密集的低矮房屋，高耸的哥特式教堂矗立其间显得格外突出。1610年，鲁本斯决定修建自己的住宅，他在拥挤的城市边缘选择了一处开阔土地，在那里视线可以越过河景，俯瞰田野。这所宅邸未来会成为安特卫普最有价值的产业之一，只有拥有药用植物园的埃尔森维尔德修道院和大教堂比它更胜一筹。

建筑师与设计师

鲁本斯于1609年迎娶妻子伊莎贝拉·布兰特，之后夫妻俩以8960荷兰盾的低价外加画家“手头上的一幅画”买下了位于瓦珀的一块土地，这一交易也说明鲁本斯的作品当时市价颇高。鲁本斯想扩建那块地上原有的一座老式弗兰德建筑，但设计和修建住宅必须有建筑学的相关知识。于是他开始自学建筑学，并很快成为这一领域的权威人士（1622年他出版了关于热那亚宫殿的著作）。不过，位于安特卫普的鲁本斯故居是他唯一一处完整的建筑作品。

“我还未决定是要继续留在我的故乡弗兰德，还是永久地移居罗马。”

——彼得·保罗·鲁本斯，1609

对页图《安特卫普的景色》（1656），作者为简·维尔登，画作描绘了沿斯凯尔特河而建的城市。

右上图 雅各布斯·哈尔温1692年的版画《安特卫普的鲁本斯故居》，展示了鲁本斯故居的展馆和鲁本斯去世之后出现的花园。

右下图 1684年由哈尔温所创作的版画是对鲁本斯故居最早的描绘，展现了其宏伟的门廊和花园。

彼得·保罗·鲁本斯
（1577—1640）

彼得·保罗·鲁本斯生于德国。父亲去世后，10岁的他跟随母亲及他的5位兄弟姐妹移居安特卫普。1609年，他与伊莎贝拉·布兰特结婚。他们于次年买下了一所房子，并将其重修和扩建，该处即现在我们所知的鲁本斯故居。

鲁本斯采用了类似意大利前辈拉斐尔、米开朗基罗的工作坊运营机制，雇佣助手（其中包括年轻的安东尼·范·戴克）协助完成日益增多的订单。他亲自打好油画底稿后，大体的画面由助手们来绘制，最后大师本人再加以修整和润色，完成最终作品。鲁本斯不但雇用了许多画家，还邀请雕塑家、雕刻家及印刷业者与他协作，完成作品，他同时也会从合作者那里学习新的技法。

鲁本斯的宅邸中藏有大量他收集的艺术品和古董。宅邸花园也是非常重要的公共区域，许多来访者都乐在其中。

《金银花凉亭》（约1609），这是一幅自画像，画中与画家在一起的是伊莎贝拉·布兰特

在接下来的7年中，他扩建了原有的住宅，增加了大柱廊，修建了半圆形的画廊展示自己收藏的雕塑，还打造了一处大型画室以及一座图书馆。馆中收藏了从植物学到哲学各个门类的书籍，藏书数量庞大。

鲁本斯采用的建筑风格在低地国家前所未见。他打造的这座豪华住宅带有罗马建筑的风格，从外立面元素来看尤为明显。这与他在意大利北部所见的建筑风格，以及文艺复兴时期伟大画家拉斐尔画作中描绘的建筑风格极为相似。鲁本斯的设计使得这所住宅兼具多种功能，既是城内外鉴赏家、赞助人和艺术品收藏者们聚会的场所，又是伊莎贝拉和孩子们温暖的家。

一些自17世纪留存下来的画作帮助还原了鲁本斯建造的这所住宅及其花园的本来面貌。鲁本斯去世后，雅各布斯·哈尔温于1684年及1692年分别完成了两幅版画。画中展现了左侧阴影掩映下的老式弗兰德住宅，鲁本斯修建的那些部分在画作中被着重刻画，包括扩建的工作室、画廊和大柱廊。在那个追求视觉幻象的时代，鲁本斯故居的风格显然深受文艺复兴时期画家保罗·委罗内塞的影响，后者为了追求艺术效果经常在作品中运用多种建筑元素。那些绘制在建筑正面墙上的窗户和柱子很可能是为了起到视觉上的错觉效果。

探访鲁本斯的花园

在鲁本斯修建这所住宅时，注重装饰艺术的巴洛克风格花园刚刚兴起。描绘这些花园的作品到了17世纪中晚期也逐渐自成一派。在哈尔温的版画中，视线从大门延伸开去，贯穿中庭，经由柱廊，再到其下的凉亭，最终观赏者注目的焦点被巧妙地引入花园之中。近期发现的一幅17世纪晚期画作又为还原花园原貌增加了些许细节和色彩。画作中，花园景色仿佛无边无际没有尽头，展现了鲁本斯花园和开旷的田野相接，并与之浑然一体的景观。

如今，鲁本斯故居中得以保留的原有建筑只有柱

上图　鲁本斯故居柱廊的设计以他年轻时代游览过的罗马凯旋门为蓝本。

左图　花园凉亭正中摆放着赫拉克勒斯的雕像，鲁本斯经常在这里招待安特卫普的艺术家们。

廊和花园凉亭。柱廊仿造凯旋门和罗马式花园入口造型，两头连接着老式弗兰德住宅和新工作坊的侧翼。中心入口处完全复制了米开朗基罗为罗马而建的庇亚城门，采用了不常见的断拱设计。拱券上方，鲁本斯放置了两位罗马神祇的雕像：商业之神赫尔墨斯和艺术与智慧之神雅典娜。安东尼·范·戴克是鲁本斯最成功的学生，在他 1621 年为伊莎贝拉所作的画像中，柱廊十分引人注目。它也在宣告自然（即花园）和美德终将取代艺术和智慧，而花园凉亭内的赫拉克勒斯雕像就是其化身。拱券将文化与自然分隔开，后者是人文主义思想的重要信条，也是鲁本斯从小学习并且遵循一生的信念。鲁本斯极为擅长此类独具巧思的设计，1635 年他就曾受托设计迎接新摄政王费迪南德莅临安特卫普的“一整套剧场式布景”，包含拱券、建筑外立面和沿街的绘板。

哈尔温版画中所描绘的花园其实多少有些失实。因为这所房子后一任所有者卡农·亨德里克·希勒维韦很可能并没有保留鲁本斯原来的设计，而是委托别人打造了版画中描绘的时髦法式花园。这位艺术家原本的设计应当包含罗马和巴洛克元素，有开阔的视野，矗立着各种雕塑，带有视觉错觉效果和对经典建筑的借鉴。有研究表明，花园西角曾有一座带有海豚雕塑的喷泉和一个洞窟。洞窟的存在为人所知是因为在 1692 年的版画中，它被错误地置于庭院的一角，这部分庭院紧挨着工作坊的增建部分——这是由哈尔温批准，基于卡农·希勒维韦的想法所作的改动，后者迫切希望这所房子和场地内的所有鲁本斯元素都在画作中有所体现。

鲁本斯雇用了不少园丁，其中有一人名叫威廉。伊莎贝拉因瘟疫去世后，鲁本斯与年轻的海伦娜·富曼结婚。他购入斯滕城堡作为自己的乡村住所，多数时间也会住在那里。斯滕城堡拥有城市花园不可能具备的各种景观元素：大池塘、露台、广阔的果园和人工林。然而，并不是所有植物在乡下都能生长良好。居住在斯滕城堡时，鲁本斯曾写信要求威廉寄一些安特卫普花园扦插的无花果和橘子过来，这些小苗更适合贴着围墙生长。

就像伊丽莎白一世时期和詹姆士一世早期的英国花园一样，鲁本斯故居的这座花园当时也对公众开放。这里有低矮的桃金娘、欧亚碱蒿或是黄杨树篱，有木质凉亭，还有彩绘屏风，几何形花坛中种植并展示着当时稀有且昂贵的植物，如郁金香、牡丹、芍药和月季。花坛的具体形状现在还没有定论。鲁本斯与建筑师兼画家汉斯·弗里德曼·德·弗里斯处于同一时代，后者也在安特卫普工作，并且主持打造了许多花园，很有可能鲁本斯的灵感就源于德·弗里斯1604—1605年出版的《透视》一书。鲁本斯无论从事什么工作，都会自学相关知识。他手头上有不少草药学及其他植物学相关著作，以便在打理花园时做出明智选择。

鲁本斯对植物的热爱还体现在他的艺术收藏品中，他藏有朋友老杨·勃鲁盖尔和丹尼尔·西格斯绘制的花卉主题作品。花卉，特别是郁金香、蓝瑰花和荷兰鸢尾一类的球根花卉在当时都属于贵重商品。鲁本斯遵循北欧富人的习惯，用整齐的花坛来展示它们。

文艺复兴的信仰者

在他的自画像中，鲁本斯总是将自己描绘成一名绅士，而非勤奋工作的画家。他小心地经营着个人形象，这些形象也部分反映了他和城市中相似阶级的共同爱好：收藏、持有并展示艺术品及工艺品。

鲁本斯的收藏确实无可比拟，包括提香、拉斐尔

对页图 房后区域研究仍在持续进行中，旨在获取鲁本斯所建花园原有风格的更多详细信息。

下图 以感官为主题的寓言系列画之一，《嗅觉》(1617—1618)。该幅画作是与老杨·勃鲁盖尔合作完成的，老杨·勃鲁盖尔为鲁本斯画中描绘的人物添加了花卉背景。

和弗兰斯·斯奈德的作品，佩特和迪凯努瓦的雕塑，还有各种日晷及一些古董。他最重要的藏品是一座罗马哲学家塞涅卡的古董大理石半身像，塞涅卡是斯多葛学派的创始人，提倡以克制和冷静的态度面对人生起伏。1608年，鲁本斯从意大利带回这座半身像，并在自己的数张作品中描绘过它，直到去世他都认定这是真品。但当1813年塞涅卡半身像原件被发现之后，专家们不得不承认，和其他收藏家一样，鲁本斯购入的雕像刻画的并非塞涅卡。它描绘的确实是一位老哲学家，但并非那位1世纪的罗马政治家。

鲁本斯故居是众多画家、印刷业者、制图人、雕塑家及作家的聚会之处，鲁本斯经常与他们合作完成项目，也会从他们那里汲取灵感。博学的安特卫普市长尼古拉斯·罗库克斯二世和来自普朗坦·莫雷图斯家族的巴尔萨泽·莫雷图斯都与他过从甚密。巴尔萨泽经营着安特卫普当地规模最大的印刷厂，和鲁本斯一样拥有豪宅和花园。鲁本斯的家也是激烈的辩论场所，辩论的话题涵盖艺术、科学和哲学。最为重要的是那些公共区域：鲁本斯的工作坊、画廊、柱廊以及必不可少的花园。来访者可以漫步其间，参观花园中的石窟、喷泉，或者坐在凉亭内回望屋舍。这些正是鲁本斯想让大家观赏的区域。在这里，人和自然的分界显而易见。作为文艺复兴的忠实信徒，在他的世界里，人始终处于首位。

下图　艺术品陈列室（或称画廊）和里侧的半圆形雕塑陈列廊展出了鲁本斯在一生中收集的部分藏品。

对页图　《科内利斯·范·德·吉斯特的画廊》（1628），作者威廉·范·哈切特。画中描绘的是鲁本斯一位朋友兼赞助人的艺术藏品。

鲁本斯大事记

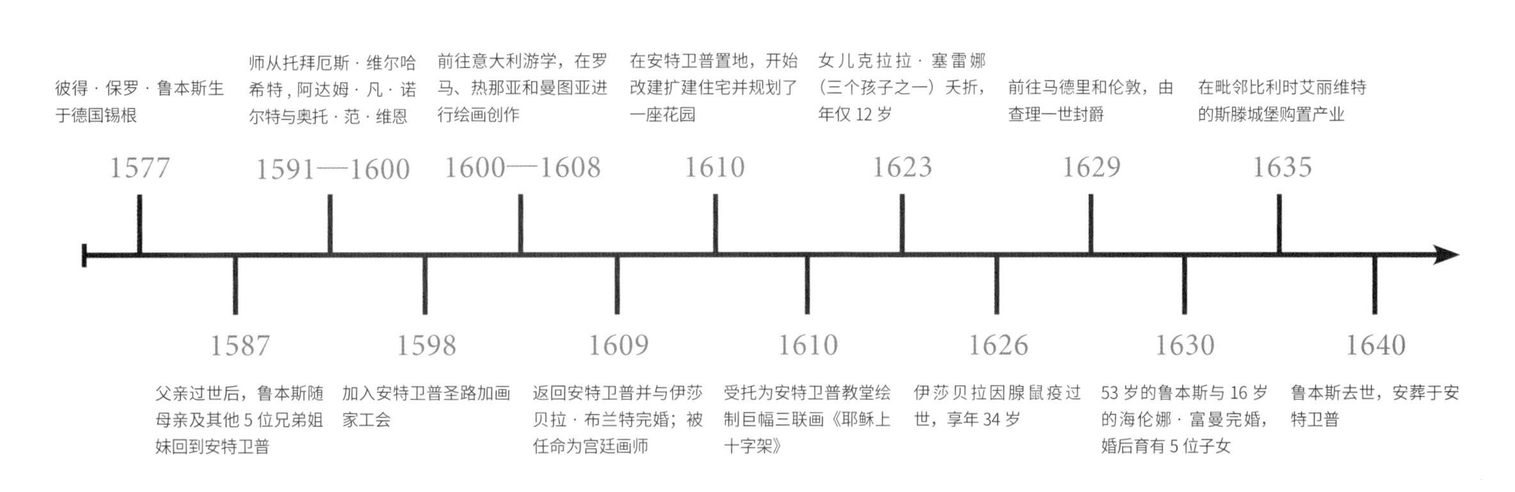
1577
彼得·保罗·鲁本斯生于德国锡根
1587
父亲过世后，鲁本斯随母亲及其他 5 位兄弟姐妹回到安特卫普
1591—1600
师从托拜厄斯·维尔哈希特，阿达姆·凡·诺尔特与奥托·范·维恩
1598
加入安特卫普圣路加画家工会
1600—1608
前往意大利游学，在罗马、热那亚和曼图亚进行绘画创作
1609
返回安特卫普并与伊莎贝拉·布兰特完婚；被任命为宫廷画师
1610
在安特卫普置地，开始改建扩建住宅并规划了一座花园
1610
受托为安特卫普教堂绘制巨幅三联画《耶稣上十字架》
1623
女儿克拉拉·塞雷娜（三个孩子之一）夭折，年仅 12 岁
1626
伊莎贝拉因腺鼠疫过世，享年 34 岁
1629
前往马德里和伦敦，由查理一世封爵
1630
53 岁的鲁本斯与 16 岁的海伦娜·富曼完婚，婚后育有 5 位子女
1635
在毗邻比利时艾丽维特的斯滕城堡购置产业
1640
鲁本斯去世，安葬于安特卫普

保罗·塞尚

法国，普罗旺斯地区，艾克斯

保罗·塞尚以其不同凡响的绘画风格与技法，赢得了同时代人们的广泛赞誉。他引人入胜的风景作品尤为出名，其中部分灵感源自其父母的花园，还有些源于他的家乡，法国南部普罗旺斯地区艾克斯周边的乡村景色。

作为创新的先驱者，塞尚突破艺术的界限，从当时众多才华横溢的法国画家中脱颖而出。他并不遵循

上图　这幅《自画像》（1895）描绘的是56岁时的塞尚，他在一生中创作过相当多的自画像。

右图　《加德不凡的水池》（1876）描绘了塞尚父亲的屋舍和花园，他后来在此处为儿子建了一间画室。

保罗·塞尚
（1839—1906）

作为世界上最受追捧的艺术家之一，保罗·塞尚通常被认为是后印象主义画家。事实上，他构筑了印象主义与现代主义之间的桥梁，前者包括塞尚熟悉的莫奈、雷诺和毕沙罗，后者则有马蒂斯、乔治·勃拉克和毕加索。塞尚的童年时光在普罗旺斯地区的艾克斯度过。20 来岁时他曾在巴黎旅居和工作过一段时间，后来他也会不时到巴黎探访朋友。他晚年生活在普罗旺斯，他在那里的画室后来成了其他画家的朝圣之地。尽管塞尚绘画技艺高超，但直到 56 岁时才获得机会举办首次个展。而在此之前，塞尚大部分的作品并不被评论家所看好，不过他从未怀疑过自己的天分。虽然他父亲说他是“无业游民”，但画家同行们对塞尚都极为赞赏，大家争着前来与他一起作画，学习他的绘画技法。他的作品总以普罗旺斯的人与景为主题，非常本土化，但他的影响力超越了他的故土，扩展到全世界。

《拿着调色板的自画像》（约 1890）

某个特定的艺术运动或派别的所谓规则，无论身在自己的故乡普罗旺斯还是巴黎，他都坚持着自己的方向。

在伟大的印象主义画家克劳德·莫奈所收藏的画作中，塞尚的作品数量最多。卡米耶·毕沙罗是塞尚的密友兼画伴，而皮埃尔-奥古斯特·雷诺阿则是他终生的画家好友，两人书信往来不断。简而言之，保罗·塞尚是艺术家中的艺术家。

早期生活

保罗·塞尚出生于普罗旺斯地区的艾克斯，他父亲原先是个帽商，后来转型成为银行家。在法国西南部松林与石山间长大的保罗，和作家埃米尔·左拉是童年玩伴。普罗旺斯的自然风光在他的生活里扮演了极为特殊的角色，尤其是那里的橄榄树林、松树、开心果树和果树，这片风光影响着他的整个画家生涯，并为他提供源源不断的创作灵感。

1859 年，塞尚 20 岁时，他的父亲路易·奥古斯特·塞尚买下了坐落于城镇外围的一大栋花园别墅，即“加德不凡”。塞尚的父亲最初把儿子送到法学院学习，但塞尚另有想法。几年后他退学并搬到了巴黎，结交了许多当时最顶尖的画家。

尽管对儿子的职业选择感到失望，塞尚的父亲还是同意让他全职画画，并给他提供了经济上的支持，得到财务保证的塞尚开始来回穿梭于艾克斯和巴黎。当时，巴黎“沙龙”是在法兰西美术学院举办的画展，影响力非常大。但在这个时期，塞尚每一季的作品都被沙龙的评审委员们拒之门外。

在父亲宅邸中创作

在老家艾克斯，作为乡绅的塞尚父亲出价 85 000 法郎买下了加德不凡庄园周边 150 000 平方米的土地。这样一来，这所建于 18 世纪的房子就同时配备了多处自有的草坪和耕地，甚至还拥有一处独立农舍，可以让工人居住。

塞尚以加德不凡庄园为主题做了不少创作，其中

上图 塞尚的父亲在1859年买下加德不凡这栋优雅的房子及周边广阔的土地，显示了他不断提升的经济实力。

左图 《加德不凡的房子》（1876—1878），这幅作品展示了这栋被静谧花园所环绕的房子，它也是这位艺术家的庇护所。

现存的作品清晰地展现了他父亲购入的这处房产附属花园的面貌。花园的布局最初是在17世纪由维拉尔元帅设计的，随后，18世纪中期加斯帕·特鲁菲姆家族对初始设计做了些改进，打造了水池，还加盖了一间能俯瞰池水的阳光房，并在通往全家居住的房舍的道路两边种上了栗树。塞尚的父亲曾聘用工人和园丁来打理加德不凡的花园及农用设施，但种种迹象表明，房子本身已经呈现出相当破败的景象。

对于儿子保罗来说，加德不凡庄园的家族宅邸是一处庇护所，在这里他能暂时逃离巴黎的紧张节奏。塞尚的作品显示出他对当地风光与居民的深厚情感，他以自家花园为主题作画，后来农场中的劳工也充当起了模特，他因此创作出最为出名的系列作品之一——《玩纸牌者》(1893—1896)。

为了向父亲证明自己的才华，同时展示对画家职业的热忱，塞尚直接在起居室的墙壁上作画，完成这一创作花费了他超过十年的时间。其中最让人印象深刻的是起居室半圆形拱顶结构上的作品——他在5块嵌板上分别描绘了四季景象，中间是父亲的肖像。作为回报，父亲在房子的二层为他造了一间画室，画室中有一扇朝北的大窗户，上部直达房檐，采光极佳。

在随后的30年间，塞尚分别以父亲宅邸的房屋、花园、水池、雕塑与两列栗树为主题，创作了约36幅油画、17幅水彩作品。但是他于加德不凡创作的全部作品我们都无缘欣赏——1899年房子售出时，绝望的塞尚在花园中点了一把火，烧毁了所有存放于此的画作，其中的绝大部分或许是他不希望流入艺术市场的早期作品。

家庭事务

在巴黎时，塞尚遇上了以充当艺术家模特及女装裁缝为生的玛丽-奥尔唐丝·富盖，并坠入爱河。在他父亲不知情的情况下，二人在巴黎同居，1872年奥尔唐丝为塞尚生下了一个儿子，同样取名为保罗。塞尚的母亲对此知情但对丈夫保守秘密，免得他断掉对儿子的经济资助。

后来，塞尚开始和朋友卡米耶·毕沙罗在蓬图瓦

对页图 《加德不凡的大道》(1881) 展示的是通往房子的道路，两旁种着栗树。

上图 塞尚以在父亲宅邸中工作的工人为模特，创作的作品《玩纸牌者》(1892—1893)，该系列包含多张相似的习作，这是其中一幅。

右图 《阳光房中的塞尚夫人》(1891) 画作中是身处加德不凡的塞尚妻子，这时反对二人婚事的塞尚父亲已经去世。

顶部图 《埃斯塔克的海湾》（约 1885），塞尚的母亲在埃斯塔克拥有一所房子，他也非常喜欢这个小渔村，喜欢那里的红色屋顶和蓝色海岸。

上图 《比贝幕斯的采石场》，塞尚在这里租了一间石头房子，在这里他画下了此地红色的岩石以及长在上面的树木。

对页图 《雷罗威》，拍摄于 1935 年。

兹（见第 132 页）一起作画。这是一个位于巴黎瓦兹河畔的奥维尔边上的社区，塞尚、奥尔唐丝和小保罗一家三口在这里住了一段时间。他在这段时间里完成的户外油画，曾与莫奈及其他艺术家的作品一起，在 1874 年和 1877 年的第一次及第三次“印象主义”画展中展出。尽管如此，塞尚从未真正融入这个逐渐自成一派的画家群体，而是继续潜心发展自己独特的作画风格。

激发灵感的景观

也是大约在这个时候，塞尚开始对圣维克多山的风光产生了创作的兴趣。这是普罗旺斯的一处山脊，从艾克斯一带的许多村庄都能远眺该山脊，塞尚以此为主题反复创作了许多年，他在普罗旺斯四处游走，希望找出描绘这处景观的最佳角度。

1882 年，雷诺阿来到塞尚母亲在埃斯塔克的夏季度假屋，与塞尚同住。那是位于马赛附近的一个海边村庄。次年夏天，雷诺阿和莫奈一起陪着塞尚环普罗旺斯游历了一番，旅途中塞尚背着画架和颜料，一走就是好几英里，他爆发出惊人体力成了后世的一段传奇。在这一地区作画时，塞尚还租住过众多临时棚屋和用来过夜的落脚点，以便存放白天可能要用的画布和其他物品。塞尚对创作精准度的要求之高，在同行中是出了名的——几乎每画下一笔他都会停顿一下，思考想要达到的效果。在那些与他并肩创作的画家看来，这些停顿如此之长，仿佛永远没有尽头。

除了描绘普罗旺斯这里遍布松林、岩石的景观，以及仿佛拥有神力的圣维克多山脉，塞尚还发现了一个新的绘画主题：比贝幕斯采石场。位于艾克斯近郊的比贝幕斯是一个拥有浪漫景致的山坡，这里特殊的地貌是侏罗纪时期两个板块碰撞形成的，从罗马时期直至19世纪早期，当地人在该区域开采砂岩及黏土，用于建设艾克斯城镇。还是个孩子时，塞尚就听说过比贝幕斯这些著名的采石场，但等他前来创作时，这些地方已经几近荒芜，重新回归自然的面貌，岩石上散布着自播生长的松树和金雀儿。

塞尚在比贝幕斯租了一间小石屋，在大约5年的时间里，他在这里以采石场为主题创作了11幅油画、16幅水彩。人们普遍相信，正是塞尚在此创作的那些作品，比如《比贝幕斯的采石场》(1895)，以及他在埃斯塔克的创作，启发了立体主义运动的诞生，也激发了乔治·勃拉克等一批后来的艺术家。

在雷罗威度过的晚年生活

在经历了和另一个女人激荡的爱情后，塞尚最终回到奥尔唐丝身边，并在1886年与她结了婚。同年，塞尚的父亲去世。他的母亲继续留在加德不凡生活，此时塞尚夫妻二人终于可以正式到这里探访。但在19世纪的最后那几年，塞尚和奥尔唐丝关系恶化，她最终带着二人的儿子保罗离开，与丈夫分居。

这个时期塞尚的生活相当动荡，他辗转于加德不凡及他在别处的小屋和寄宿处之间。其中他最喜欢的住处要数艾克斯近郊的黑色城堡，他在那里租下了一个房间。黑色城堡是新哥特风格的建筑，建于19世纪，设计上却刻意追求仿哥特式废墟的外观。塞尚对它颇感兴趣，他以此处的庭园和周边环境创作了一些油画，其中包括《庭园中的开心果树》(1900)。

塞尚的母亲在1897年去世后，加德不凡的这处家族房产被迫出售(售价比父亲买入时还低了些)，收益由塞尚和他的两个妹妹3人均分。1901年11月16日，塞尚在艾克斯城外偏僻的雷罗威路边上购入一块7000平方米的土地。此时已届62岁的他，开始了自己的独居生活，他打算在这片自己热爱的风光中打造一个画室。

雷罗威朝南的坡地上种有橄榄、无花果及其他果树，背靠着韦尔东运河。塞尚被这里所吸引，是因为从这里能以毫无遮挡的视野眺望圣维克多山的西南侧。他雇人建了一栋简单的房屋，但施工团队一开始误解了他的想法，建了栋颇富装饰感的别墅。塞尚被吓坏了，他要求去除阳台和装饰部分，保持农舍风格的简单样式，毕竟那才是符合他需求和审美的风格。塞尚买下这块地仅花了2000法郎，但房屋的建造工作用了整整10个月，总共花了他30 000法郎。这栋新房子在一楼有两个隔间，一间是厨房，一间是小办

公室，而楼上则整体打造为画室，有南、北朝向的两面窗户可以采光。

1902年，塞尚开始使用雷罗威的画室，他逢人就说自己现在的工作状态如何之好，比待在城里时好很多。每天早上6点半，他从自己位于艾克斯布勒贡街的公寓出发，一路步行至雷罗威，一直待在那里，只在用餐和睡觉时才回来。果园中有一棵树引起了塞尚的注意，那是一棵老橄榄树，在房子施工时他还特地建了一圈矮墙来保护它。在塞尚眼里，这棵树充满了灵性，他会抚摸它、对它说话，甚至在晚上离开画室时会轻吻它。他把这棵树视为老友，希望自己去世后能埋在这棵树下。

塞尚非常满意在雷罗威的生活，不少他最杰出的佳作就诞生于此，包括《大浴女》，他人生中最后的一些静物创作，是从这里低处眺望圣维克多山的几张风景画，还有以花园和露台为主题创作的少量水彩画。

尽管塞尚的身体状况不允许他在花园中劳作，但他特别享受这个环境，而且他在创作时不会被打扰。他雇用园丁瓦里尔照看橄榄树和无花果树，在塞尚最

“自然的无比壮美，是我不可予夺的财富。”

——保罗·塞尚，1905

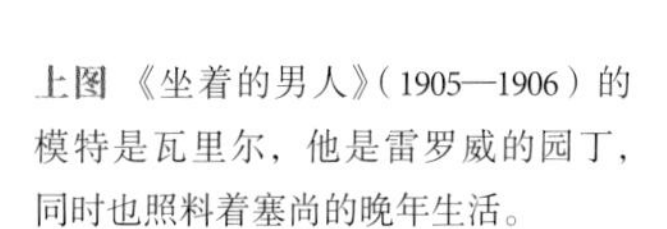

上图 《坐着的男人》(1905—1906)的模特是瓦里尔，他是雷罗威的园丁，同时也照料着塞尚的晚年生活。

下图 《雷罗威的庭园露台》(1902—1906)，在以油画创作前，塞尚经常先绘制水彩画作为草稿。

对页图 塞尚位于雷罗威的画室。直到今天，里面的各种笔记本、工具、道具、家具仍保持着原样。

为精彩的几幅肖像画中，有一幅就是以瓦里尔为模特的。塞尚在自己最后几封书信中写道，自己花了很长时间才完成瓦里尔的这幅肖像，这让他颇感沮丧。另一边，这位园丁则抱怨为这几张肖像坐着当模特太费时间，搞得自己连完成本职工作的时间都不够。

塞尚最后一次作画之旅，是距在自己花园仅几百米的地方创作《乔丹的小屋》(1906)。同年年底，也就是1906年10月，他遭遇了暴风雨，被马车送回艾克斯时已经不省人事。第二天早上，他虽然身体还没恢复，但还是步行到画室，坐在酸橙树下继续创作一幅瓦里尔的肖像。几天后，他因胸膜炎而去世。

身后事

1907年9月，在塞尚去世仅一年后，巴黎秋季艺术沙龙举办了塞尚作品回顾展。塞尚热潮就此开始，在之后的一个世纪乃至今天，他都是全世界最受追捧的艺术家之一。

1921年，外号为马歇尔·“普罗旺斯”的当地名人买下了雷罗威并居住于此。他为塞尚撰文，并将画室原封不动地保留下来，直至他1951年去世。之后，一群美国艺术爱好者从开发商手中买下了这栋房子，他们筹募基金，向大众开放画室，欢迎来自世界各地的诗人、艺术家、史学家、塞尚的画迷前来参观，其中包括1955年来访的玛丽莲·梦露。

与画室命运不同的是，塞尚的花园在主人去世后遭遇剧变。雷罗威的橄榄树林在1956年被风暴摧毁，最终被移除，而加德不凡的房子与花园则陷入了年久失修的境况。这些境况一直持续到2018年，这一年，一个修复塞尚故居的大型项目启动了。得益于该项目，这两处曾日夜陪伴着这位画家的地方，终于获得了它们应有的关注。

右图 雷罗威画室中的保罗·塞尚，他逝世于两年后的1906年。

对页图 《圣维克多山》，塞尚曾一次又一次地回到这里，以这处家附近的山脊为主题进行创作。

塞尚大事记

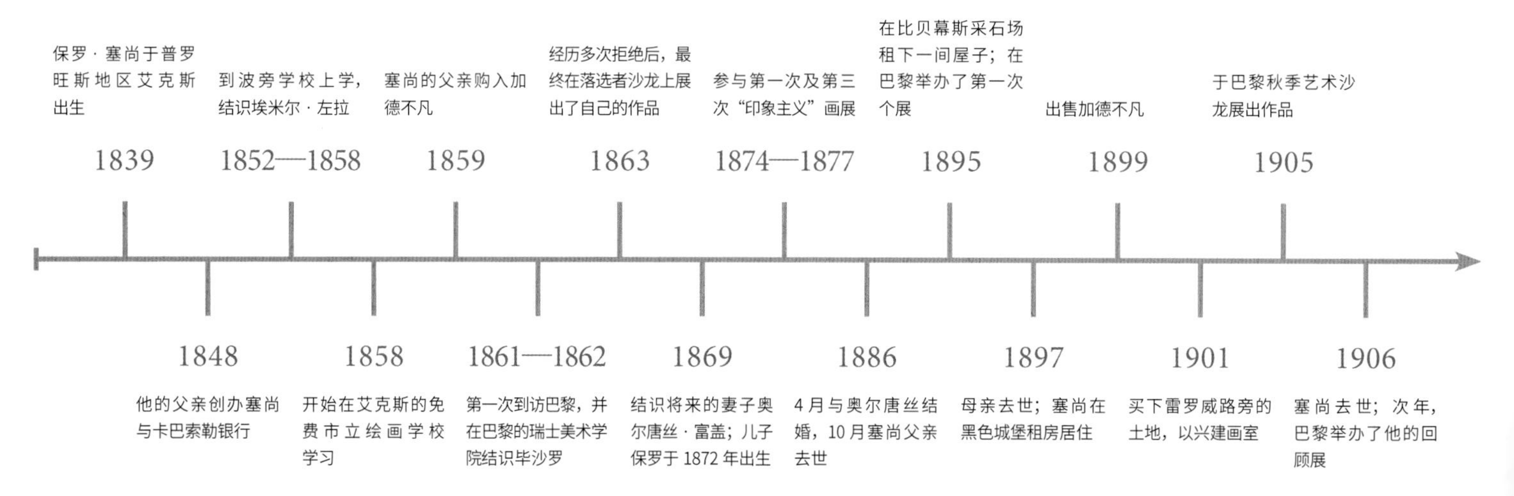

皮埃尔－奥古斯特·雷诺阿

法国，香槟地区及蔚蓝海岸

皮埃尔－奥古斯特·雷诺阿出生于法国小镇利摩日，父亲是个裁缝。19世纪的利摩日以发达的陶瓷业而闻名。当时的雷诺阿并非从一开始就打定主意成为艺术家——他第一份工作是在陶瓷厂里为瓷器描花，当时的厂长留意到雷诺阿的才华，鼓励他去上绘画课。雷诺阿于是开始为入读美术学院做准备，到

左图　雷诺阿的《雷特庄园风景》（约1907）创作于他位于蔚蓝海岸地区雷特庄园的露台上。

上图　雷诺阿的这张照片拍摄于1895年前后，这是他在香槟区埃苏瓦的避暑别墅中工作的场景。在打造花园画室之前，他一直都在这里进行创作。

21岁那年，他搬到巴黎，师从瑞士艺术家夏尔·格莱尔，在那里，他还结识了另外三位年轻艺术家：弗雷德瑞克·巴吉尔、阿尔弗莱德·西斯莱和克劳德·莫奈。缺少经济支援的雷诺阿经常连画材都买不起，但他和莫奈的几幅作品被巴黎艺术经纪人保罗·杜兰-鲁埃尔相中，并在1874年首次举办的“印象主义”画展上展出。在这一时期，雷诺阿也开始创作人物画和肖像画，因为这样可以招揽客户，带来收入。

19世纪80年代，巴黎正处于“美好年代”，雷诺阿和朋友们经常到巴黎城西运河边上一个名为弗尔乃兹的小餐馆聚会。每到周日，在巴黎打工的女孩们也会到这个餐馆放松一下，她们大多是侍者、商店店员或巴黎时装产业的裁缝。其中有一位来自香槟区的女裁缝阿莉娜·莎丽戈，她不单出现在雷诺阿的许多作品里，后来更成了他的妻子。据说雷诺阿甚至不用先看阿莉娜一眼，就能直接描绘出她的脸。

餐馆主人的儿子阿方斯·弗尔乃兹负责为客人安排游船，雷诺阿在他的一些最为世人赞赏的佳作中描绘了这一场景。其中包括《船上的午宴》(1881)，画作中位于前景的阿莉娜举着小狗，帽子上插着鲜花。而在两年后创作的《乡村之舞》(1883)里，那个头发蓬松、一副无忧无虑模样的村妇显然也是她。

源于自然的灵感

虽说雷诺阿最为人所熟知的作品都是以人物，尤其是女性为主题，但其实他很早就对花园产生了兴趣——1873年时他描绘过莫奈（见第134页）在阿让特伊花园中的模样，也曾以自己在蒙马特画室背后几个自然主义风格的花园为题材，完成了几幅作品，如《公园里带阳伞的女人》(1875)和《柯尔拓街上的花园》。1876—1877年，他创作了《高高的草丛中的小路》，作品描绘了罂粟花零星绽放的景致，可能是雷诺阿最为“印象主义”风格的作品，而他的静物作品《花束》(1879)、《菊花花束》(1884)和《苹果与鲜花》(1895)，同样显示出这位艺术家对于植物细节高超的表现手法。

阿莉娜也进一步激发了他对于大自然和花园的热爱。她来自香槟地区的一个小村庄——埃苏瓦，雷诺阿一家每年夏天都会到那里度夏。最终，他们在那里买下一处房产，雷诺阿也得以打造属于自己的第一个花园。后来，他们又举家搬迁到了法国南部滨海卡涅一个种植橄榄的农场，那里的花园不仅充当了雷诺阿、妻子和几个孩子休闲放松的场所，还成了雷诺阿

对页图　阿莉娜·莎丽戈充当了《乡村之舞》的模特，她后来成了雷诺阿的妻子。

左图　雷诺阿住在巴黎蒙马特时为画室周边的花园创作了几张油画，《柯尔拓街上的花园》（1876）是其中的一张。

皮埃尔-奥古斯特·雷诺阿
（1841—1919）

1841 年，雷诺阿出生于利摩日。他年轻时曾探访巴黎，并与包括克劳德·莫奈、弗雷德瑞克·巴吉尔在内的一些想法前卫的艺术家混迹在一起，这些艺术家也很快看到了雷诺阿身上的出众之处。雷诺阿与妻子阿莉娜起初辗转于巴黎蒙马特艺术区的各种公寓。随着家庭人口的增加，他们最终在法国东北部香槟地区的埃苏瓦买下一所房子，并把它改造成全家的度夏居所。这里简单的生活、天然健康的食物和传统的邻里，很快成为雷诺阿生活中不可或缺的部分，其地位不亚于他用于艺术创作的光线与颜料。这种对简单生活方式的追求也体现在 1907 年他们再一次的举家搬迁中。法国南部克雷特庄园的橄榄园和花园，让夫妻二人享受到了冬季时节的温暖。这两处房产雷诺阿家族保留了多年，小儿子克劳德 20 世纪 60 年代仍居住在雷特庄园，而埃苏瓦直至 2011 年仍是雷诺阿重孙女索菲·雷诺阿的居所。

《自画像》（1876）中的青年雷诺阿

重要的艺术灵感来源。让他得以通过创作，抒发对大自然的热爱。

探索乡野

1885 年，雷诺阿夫妇的大儿子皮埃尔出生。刚当上母亲的阿莉娜有一颗迫切回乡的心，几经游说，雷诺阿终于答应陪她一起回去。埃苏瓦这个村庄坐落在塞纳河支流乌尔斯河河畔，雷诺阿一来便对它完全着了迷。第一年夏天，他就创作了自己艺术生涯中最著名的作品之一：《洗衣妇》（1888），灵感源于他看到的在河边洗衣的妇女们。

对于阿莉娜来说，能在埃苏瓦安定下来是她长久以来的梦想。在她很小时，她父亲就抛下家庭远赴美国，而母亲为了谋生，不得不到巴黎去当裁缝，把阿莉娜留给阿姨和舅舅照料。一到能工作的年龄，阿莉娜便追随母亲到蒙马特地区发展。如今能以成功画家之妻的身份荣归故里（二人在 1890 年结婚），无疑是件值得骄傲的事。1896 年，夫妻俩相中了一处房产，那是一栋酿酒商的房子，还附带有一个谷仓，只需稍稍翻新改造一下，他们就能拥有一个宽敞温暖的家。次子让出生后，阿莉娜 16 岁的表妹加布里埃勒·雷纳也住了过来，帮他们照看孩子，在接下来的 20 年间，她成了雷诺阿画作中最广为人知的女性裸体模特。

雷诺阿特别喜欢埃苏瓦的这套房子和花园。花园里有果林，有菜地，他需要的东西在村里全都能买到。他还喜欢这里偏僻的地理位置（从巴黎过来要花上一整天）。他对乌尔斯河特别感兴趣，称之为"银色的河流"，但他最为钟爱的还是这里的人们——他们让雷诺阿感受到如家人般的温暖。雷诺阿在埃苏瓦过着简单快乐的生活，每年夏天一家人都在这栋房子中度过，直到他人生最后那几年，这个习惯才有所改变。

乡野花园

1906 年，雷诺阿以自己的乡村居所为主题创作了

《埃苏瓦的房屋》，透过该画我们得以窥见他打造的这个花园。这位艺术家厌烦各种繁文缛节，反感一丝不苟的英式草坪，觉得这些都特别没有人情味。他自己的花园是简约风格的典范，同时非常高产，种植了各种果树、一排葡萄藤、各式沙拉菜及其他蔬菜，还有一些村舍花卉。当时的花园只延伸到雷诺阿的户外画室，占地约1500平方米。

而阿莉娜则对自己在村里获得的新地位和富足的经济现状心满意足，在雷诺阿专注于创作的同时，她大规模翻修了屋舍，在屋内增加了一座豪华的塔式楼梯连接上下两层。从她书写的信件中可以看出，她是翻修工程的指挥者，即便全家人回到巴黎后，她依然把控着局势。

阿莉娜一边忙着监督房子的装修，一边用园中出产的食材烹制佳肴，而雷诺阿则心无旁骛地专心研究他钟爱的光线，研究树叶呈现出的各种微妙变化，如河边那些白柳及屋后庭园里的欧洲七叶树——如今这棵树早已不复存在，取而代之的是一棵北美枫香。

这时的雷诺阿已经60多岁，尽管阿莉娜比他小20岁，但二人都饱受病痛的折磨——阿莉娜患有糖尿病（但她拒绝饮食疗法），而雷诺阿则有类风湿性关节炎。夫妻二人决定到南部过冬，地点选在了滨海卡涅。他唯一一幅以埃苏瓦房子和花园为主题的油画（创作于1906年），很可能是对即将到来的迁居产生的一种反应，因为他心里明白，自己的健康状况可能不允许他重回这个村庄——尽管这里的夏天相当怡人，冬天的气温却常常跌至零度以下。

雷诺阿和阿莉娜搬出埃苏瓦后，这处房产依然为雷诺阿家族所有，夫妻二人把它留给了大儿子皮埃

上图 《埃苏瓦的房屋》，描绘的是雷诺阿与妻子阿莉娜在埃苏瓦的房子及二人打造的花园。

埃苏瓦的花园

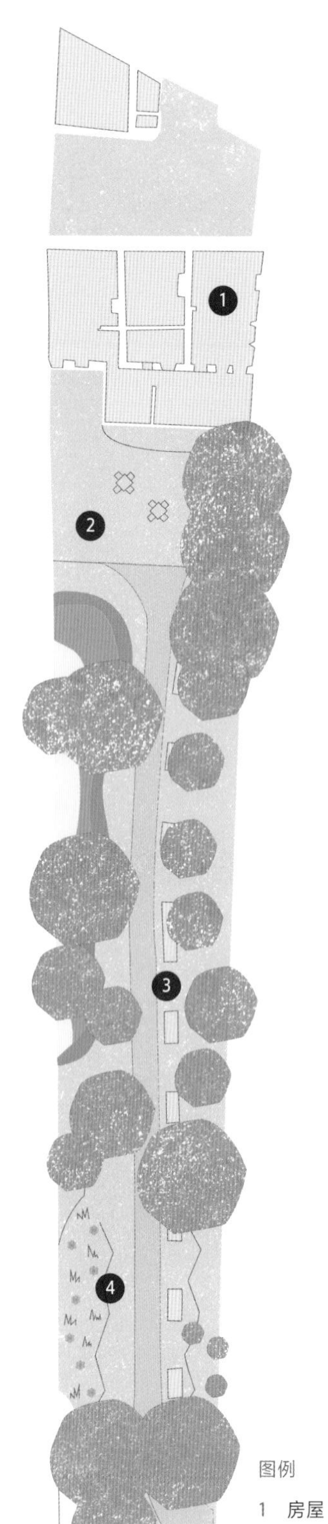

尔。居住在这里的最后一名家族成员是雷诺阿的重孙女索菲，2011 年她把房子连同屋中大部分物品出售给了埃苏瓦市政府，包括阿莉娜的厨房用桌、雷诺阿的床，以及绝大部分当初使用的其他家具。在经过长达 5 年的仔细研究后，房子进行了翻修并在 2017 年对大众开放。

修复花园

市政府接手这处产业时，花园中杂草丛生，绣球花蔓延得失了控。2010 年，另一块地被规划了进来，用于建设游客中心，种植规划由巴黎景观设计师艾丽斯・特里孔负责。而在雷诺阿原有的花园里，大部分地方已被草地取代，区域间的边界线模糊，果树亟待照料，菜园也几乎消失殆尽。市政府与游客组织“与雷诺阿同行”决定打造一个更易于维护、也更实用的新花园，这项工作最后落到了景观设计师尼古拉斯・乔治身上，他打造的新空间，既要保持雷诺阿的风格，同时又必须满足访客游览所需。

乔治依照原有路线的遗迹，修复了从雷诺阿画室通往屋子的小径。从雷诺阿 1906 年创作的花园油画中可以看出，小径两侧是两条窄窄的草皮，一侧的外围是低矮的灌木和月季，另一侧则有果树和一片菜园。乔治复刻了菜园的原貌，在种植葡萄藤、醋栗丛等植物的同时，还重新打造了一个观赏草类花境。

尽管植物种类发生了变化，设计师仍小心翼翼地贯彻着轻盈的种植风格，维系着大体量植被与留白空间之间的平衡感。实现轻盈效果的，有山桃草、欧蓍、星芹、蓝盆花、路边青，以及细茎针茅、柳枝稷、羽绒狼尾草这些观赏草；而为了打造植物的体积感，乔治选种了绣球、月季、芍药、巨韭与大丽花。色彩方面，据说当时的雷诺阿刻意把花园任一时期呈现的色彩控制在七八种以内，包括土黄色、玫瑰红、铬绿色等色彩，他觉得一旦多于这个数目，整体效果就显得过于繁复。设计师的种植方案契合了雷诺阿的艺术创作思维，除了限制色彩的数量，选用的色彩也是他画作中常见的颜色。

太阳的诱惑

1959 年，身为电影制作人的让・雷诺阿回到父亲在滨海卡涅的故居，拍摄了纪录片《草地上的野餐》。在这部纪录片中，他站在当年的老农场前对着摄像机讲述当时的故事。后来他还出版了回忆录《我的父亲雷诺阿》，讲述他和父母以及兄弟皮埃尔、克劳德在雷特庄园共同度过的时光。

对页图（从左上角起，按顺时针方向） 雷诺阿建于埃苏瓦花园尽头的两层画室；刚搬来时雷诺阿进行创作的起居室；阿莉娜持家时的账单和信件；雷诺阿的画室内部；由尼古拉・乔治设计的新花园；家人用餐的厨房。

IMPRIMERIE
TRAVAUX A FAÇON
La forme
Couvre-Tête
entièrement invisible
Déposé

上图 雷特庄园老橄榄林里的某处。雷诺阿曾在此处一边创作，一边眺望着邻近的中世纪村庄——蔚蓝海岸的上卡涅。

对页图 从雷诺阿房子高层房间的窗户俯视平台上的橙子林，远眺地中海。

根据让的描述，雷特庄园恰好满足了他父母的需求——母亲渴望拥有一个安稳度过余生的家园，父亲则亟须在气候温暖的地区休养，他的风湿性关节炎当时已经非常严重，不单手掌变了形，走路也很不方便。所以当夫妻二人听说滨海卡涅附近，有一片生长着成熟橄榄树的坡地将要被地产开发商买下时（开发商打算砍伐橄榄树生产餐巾环），雷诺阿也参与了竞标。

1907 年 6 月，雷诺阿一家出价 35 000 法郎买下了这块 25 000 平方米的农场用地。该地块附带一座小农屋，里面住着持有长期租约的佃农。在接下来的 10 年间，他们陆续买下临近土地，到最后总面积累计约 80 000 平方米。这时已经 66 岁的雷诺阿不想再将就着过日子了，1907 年 11 月，他雇人兴建了一栋占地 600 平方米、宽敞而现代化的三层大屋供全家居住。

雷诺阿在房子设计上并不在意表面的虚荣炫耀，更追求实用性，比如屋子的窗户和阳台，他要求一侧要有向下俯瞰地中海的最佳视觉效果，另一侧则要能仰望到卡涅的中世纪风格村落景致，最重要的是，全景落地窗要朝向花园，一打开就能尽拥园中风光。

在建造房子的同时，花园里也打造了有层级的平台。在地势较高、与房子基部平齐的平台上，铺上砾石并种下灌木，而在低一级的平台上则栽种橙子树，四周月季灌丛环绕，墙上还有牵引攀爬的九重葛和白花丹。阿莉娜还打造了一个果园，从家人留存的收据中可以看到，她的园丁为菜园

购买过胡萝卜、豌豆、菠菜、芹菜、洋蓟和番茄等蔬菜的种子。她还设置了一个用于酿酒的小型葡萄园，同时饲养肉用的家禽和兔子。园中还有无花果，一棵角豆树（作为咖啡的替代品，这棵树在战时显得尤为重要），以及用来冲泡花草茶的心叶椴、琉璃苣。当然，雷特庄园最为特别的还是这里的橄榄树，至今仍然如此。相传这些橄榄树是1530年前后弗朗索瓦一世的士兵种下的，而当地一些说法更把种植日期往前推了300年——据称，这里在1200年就有一片橄榄林。时至今日，在这里生长的150棵橄榄树当中，许多已至高龄。

农场里的这家佃农是意大利人，他们向雷诺阿一家传授了当地简单的生活方式：3月到5月采集橙花（能从格拉斯的香水制造商手中换到不少钱），11月采收橄榄，冬季时还可以收一茬苦橙和甜橙。雷诺阿对于传统的价值观深信不疑，而对日益发展的科技则持谨慎态度。他为每个季节独有的收获而欢喜，希望能自给自足，随自然的节奏同步生活。在雷诺阿眼中，没有什么是刺眼的杂草，只存在充满美感的野生花地，他儿子让的影片也选择对这一主题进行诠释，取笑世人认为万事万物都能通过科技解决的执念。

“我们像拉·封丹寓言里的老人一样辛勤种植。青豌豆长得不错，土豆也很好。眼下可谓一片天赐祥和。”

——皮埃尔–奥古斯特·雷诺阿，1908

入画之地

每年冬天，雷诺阿都会到雷特庄园进行创作，晚年时更是常年居住在那里。虽然还是会画肖像画，但他已经开始用标志性的短笔触更多地创作风景画。他刻意把最大的一间画室建在顶层，这间画室的面积足以容纳下他的轮椅以及模特的站台，有一扇朝北的落地窗用于采光。

雷诺阿在顶层还有面积较小的第二间画室，有东、西、北朝向的三扇窗户，可以更近距离地接触户外自然光。据让·雷诺阿说，父亲希望作画的环境尽可能地亲近花园和自然，又要避免像户外那样光线频繁波动。1916 年，雷诺阿在贴近房子北侧的花园中建了一个户外画室，那是一个建在石头基座上的简单木质结构。他去世时，这三间画室里共存有超过 700 件油画、素描、水彩、版画及雕塑作品，充分展现了他迈入暮年后依然旺盛的创作欲和惊人的作品产量。

尽管手脚越发不利索，雷诺阿依然在追求创作技法的提升，希望将二维的素描和油画转化成三维的立体作品。这时他第一次有机会使用铜和其他材质，只可惜由于他的身体状况，他已经无法亲手操作——他的手已经严重变形，要绑上绷带才能避免指甲插进掌中。为了实现自己的雄心壮志，他开始与来自加泰罗尼亚的年轻雕塑家理查德·吉诺合作，二人在克雷特庄园合力创作了约 37 件雕塑，其中包括《胜利女神维纳斯》，这件作品被摆放在较低的那层花园平台上。

雷诺阿还鼓励几个儿子投身艺术创作，他在这片产业的边界处给他们建了制陶和烧窑的地方。第一次世界大战结束后重回雷特庄园时，皮埃尔与让通过陶艺缓解了自己的心理创伤（皮埃尔后来成为成功的演员，让则成为电影制作人），但这方面最为成功的要数昵称为可可的小儿子克劳德，他最终成为一名职业陶艺家，留在此处继续创作。农场里的意大利一家离开后，搬进来了一户法国人，克劳德后来就娶了这家的女儿保莉特·杜普雷为妻。她也当过雷诺阿的模特。克劳德夫妻二人在雷特庄园一直居住到 1960 年，之后庄园被滨海卡涅市政府接管。

雷特庄园的生活

让·雷诺阿笔下的雷特庄园生活沐浴在一片金光中，随着雷诺阿声名渐涨，这里成了那个时代所有艺术家和名人都想踏足的地方，包括艺术经纪人保罗·杜兰-鲁埃尔、画家莫迪利亚尼和雕塑家奥古斯特·罗丹（他于 1914 年 3 月来访，随同到访的还有维多利亚·萨克维尔-韦斯特夫人，她是园艺家维塔·萨克维尔-韦斯特的母亲）。罗丹收藏了雷诺阿的好几幅作品，认为他的这位朋友是史上最伟大的两位画家之一——另一位是梵高。这些来自世界各地的访客不止会与雷诺阿一家交际一番，还要和本地的各色人等打交道，比如来自滨海卡涅的菜贩马德琳·布鲁诺，她后来也成了雷诺阿的模特。

左图 雷诺阿有时会在户外创作，但多数情况下还是更钟情于室内画室稳定的光线。

对页图（从左上角起，按顺时针方向）雷诺阿一家从 1908 年至 20 世纪 60 年代都居住在位于雷特庄园的这栋房子里；这片橄榄树林曾激发过这位画家的创作灵感；雷特庄园的农舍；初夏时的花园；从雷诺阿在雷特庄园的画室二楼远眺。

我们必须要感谢雷诺阿的老友，画家艾伯特·安德烈，他为世人留下了雷特庄园花园原貌的珍贵记忆。他的《雷诺阿的花园》及另外几幅风景作，是此地独一无二的历史记录，比如《雷特庄园的橄榄树》展示的是橄榄工人的棚屋，这个棚屋如今早已不复存在。随着雷诺阿年纪渐长，安德烈的画作中反复出现这位老友的身影，我们因而得以一窥雷诺阿的创作场景——他坐在轮椅里，或通常被抬至户外的轿子上，弯腰俯身作画。

雷诺阿暮年时越发行动不便，这使得他几乎无法外出四处走动。但他仍然留下了两幅描绘这处南方宅邸的动人画作。创作于1914年的《雷特庄园的风景》展示了在两棵古老橄榄树映衬之下的远处老城，画中的景象我们今天仍能领略到，还有就是创作于次年的《雷特庄园的农场》。这两件作品是印象主义在他画作中最后的呈现，到1917年冬天创作《尼斯老城的屋顶》时，他更多展现的是建筑的风格感。

雷诺阿艺术馆与滨海卡涅市政府至今依然致力于寻找并购入雷诺阿在这个时期的油画作品，把它们再一次挂到雷特庄园的墙上。雷诺阿当年所见的景色，已经随蔚蓝海岸的发展而慢慢湮灭，但在这片覆盖着橄榄树的坡地上，依然留存着许多迷人的景致，我们仍能感受到那些曾深深吸引着他的色彩和清澈光线所展现的魅力，它们也曾迷倒过他之前以及他之后许许多多的艺术家。

左图　雷诺阿和他最亲近的亲友，包括在照片最右侧他的模特加布里埃勒·雷纳。

对页图　雷诺阿描绘农场的作品《雷特庄园的农场》，标志着他印象主义时期的终结。

雷诺阿大事记

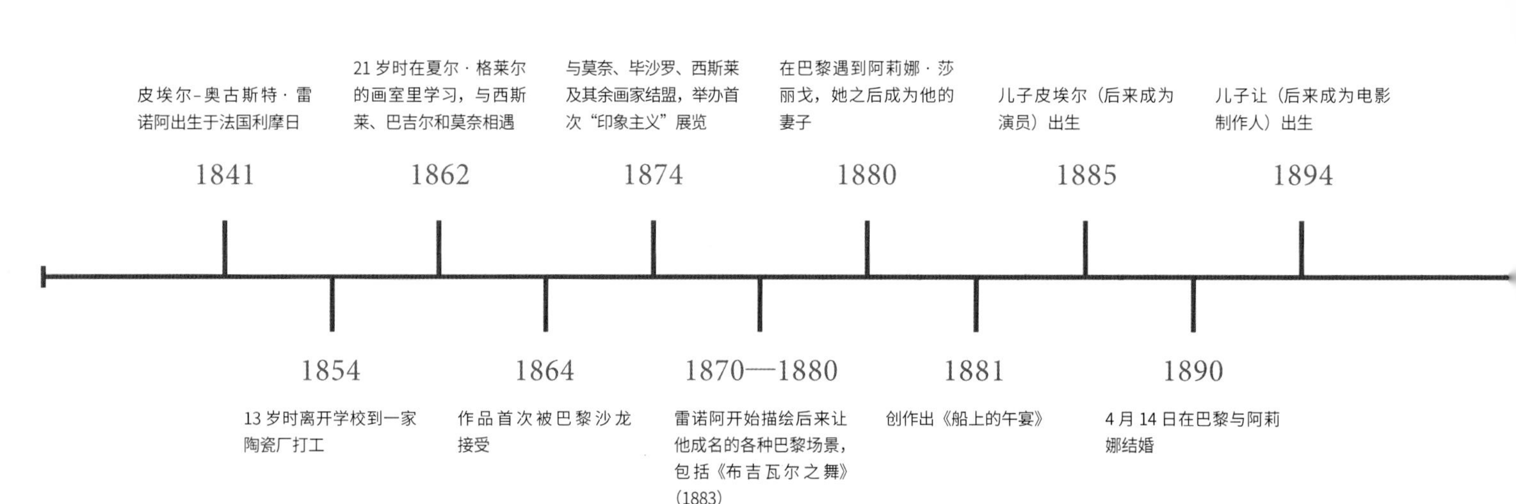

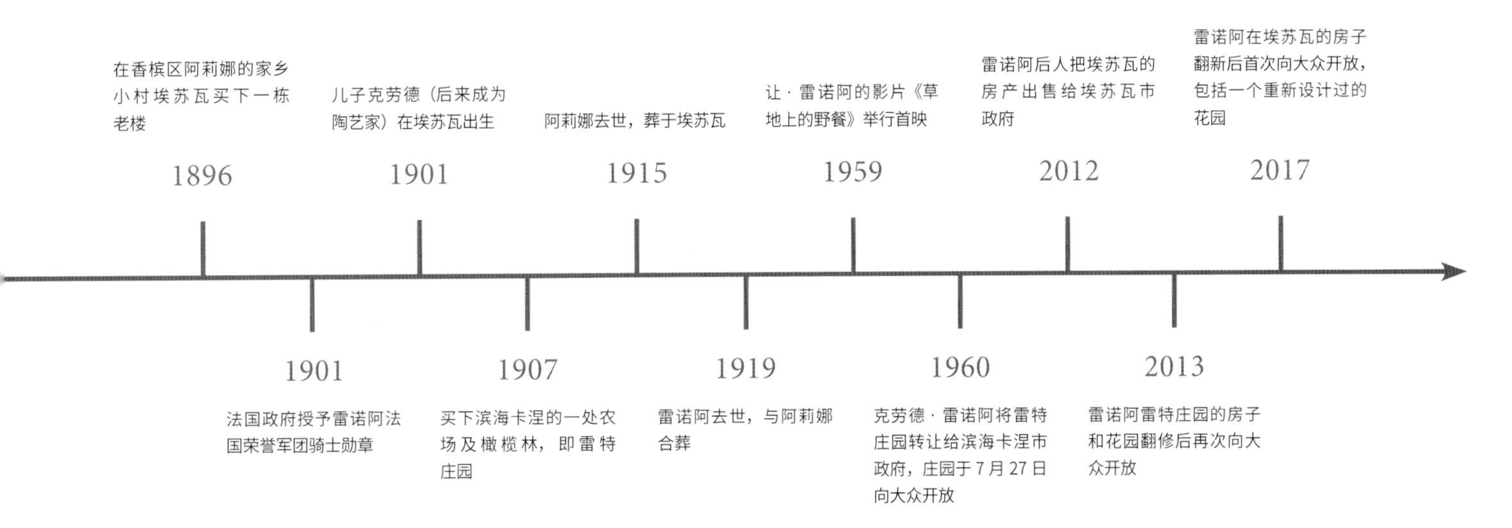
1896
在香槟区阿莉娜的家乡小村埃苏瓦买下一栋老楼
1901
儿子克劳德（后来成为陶艺家）在埃苏瓦出生
1901
法国政府授予雷诺阿法国荣誉军团骑士勋章
1907
买下滨海卡涅的一处农场及橄榄林，即雷特庄园
1915
阿莉娜去世，葬于埃苏瓦
1919
雷诺阿去世，与阿莉娜合葬
1959
让·雷诺阿的影片《草地上的野餐》举行首映
1960
克劳德·雷诺阿将雷特庄园转让给滨海卡涅市政府，庄园于7月27日向大众开放
2012
雷诺阿后人把埃苏瓦的房产出售给埃苏瓦市政府
2013
雷诺阿雷特庄园的房子和花园翻修后再次向大众开放
2017
雷诺阿在埃苏瓦的房子翻新后首次向大众开放，包括一个重新设计过的花园

马克思·利伯曼

德国，万塞湖

德国印象主义运动的领军人物、犹太艺术家马克思·利伯曼是独立艺术派别柏林分离派的创始人之一。这一派别的艺术家们举办了一些以当时眼光来看非常前卫的展览，令 19 世纪末到 20 世纪初保守的艺术界耳目一新。然而在他生活的那个年代，他的祖国发生着巨变，时局的变化最终给他的家园、事业和亲人带来了毁灭性的影响。

左图 《画家的孙女和女家庭教师在万塞花园》(1923)，描绘的是利伯曼位于柏林附近的湖畔花园。

上图 《画家工作自画像》(1922)，自画像和他亲手打造的花园是利伯曼最钟情的绘画主题。

“来看看我的‘湖畔城堡’吧。它看上去并不炫目做作，我觉得它看起来和我很像。”

——马克思·利伯曼，1922

湖畔梦乡

利伯曼最初的画作以描绘荷兰农人淳朴生活的现实主义场景为主，但很快受法国画家莫奈作品的启发，他开始以一种更明快轻松的风格作画——这种风格完美契合了他最喜欢的主题：公园与花园。他在万塞湖畔家中的景观与花草，更成为他后期作品的主要题材与灵感来源。

利伯曼1847年出生于柏林，父亲是一位纺织品制造商。为了追寻成为画家的梦想，他前往德国颇具影响力的魏玛·萨克森大公爵艺术学院学习，之后又游学巴黎和慕尼黑。回到柏林后，他在艺术界确立了自己的地位，成为皇家艺术学院的教授，同时也是德国印象主义的领头人。

1894年，他继承了父亲在柏林市中心的房子以及一笔可观的财富。他和妻子玛莎·马克沃尔德以及女儿凯蒂住在这所房子里，衣食无忧。但他内心仍然渴望拥有一所乡间避暑别墅，一个可以不受打扰地进行创作的地方。15年后，他实现了这个愿望，在1909年春天，他迈出了圆梦的第一步，买下了一块能远眺万塞湖的土地。

这块土地位于柏林西南部，其间有美丽的湖泊和树木茂密的岛屿，一直以来都是居住在都市的人们逃离城市喧嚣的绝佳去处。而万塞半岛也是柏林富裕阶层选址建造别墅的热门地块。对于自己的新别墅和花园，利伯曼有着明确的构想，它的样貌必须和那些一栋栋平地而起的卖弄权力与财富的湖畔豪宅截然不同。他买下了一块面积约7000平方米、东边临湖的土地，聘请艾尔弗雷德·梅塞尔事务所的建筑师保罗·A.O. 鲍姆加滕帮他实现自己的构思。尽管选择的是当时德国最负盛名的建筑设计事务所，利伯曼并不打算建造当时流行的新巴洛克式屋舍。拿到鲍姆加滕的设计稿后，他很快就在上面勾勒出自己的构想，清楚地表明自己对古典风格建筑的偏爱，以及希望住宅能低调和谐地融入周边环境的愿望。

左下图 1911年刚建成时的房屋东面。

右下图 西面的绿篱花园，内有一架浑天仪。

上图　利伯曼的油画作品《万塞湖东岸的桦树》（1924），描绘了远处湖面上密集的帆船，显示了这片远离城市喧嚣的湖畔度假胜地在柏林人心目中的受欢迎程度。从1910年到这位艺术家去世的1935年，利伯曼一家每年夏季都会在此处度过。

来自汉堡的影响

利伯曼在规划万塞别墅与花园的同时，还保持着与密友艾尔弗雷德·利希特瓦尔克的书信往来，后者是汉堡美术馆的首任馆长。马克思和玛莎曾一度频繁造访汉堡，当时就是利希特瓦尔克带着他们游览汉堡，领着他们欣赏城郊那些18世纪与19世纪的乡村别墅，这些建筑的风格也被糅合进了利伯曼新家的设计中。利伯曼还很欣赏位于魏玛的歌德故居，他在鲍姆加滕设计图纸上勾勒的修改稿中，东立面的设计几乎就是歌德故居尖顶和圆窗的翻版。

在这种融合式设计风格的指导下，最终呈现的屋舍不仅突破传统，还显得妙趣横生。住宅位于地块的中心，将花园分成面积几乎相等的两部分，中轴线穿过前院，贯穿屋舍，从后院一直延伸直到湖边。这是一栋为居住而设计的房子，餐厅与露台相接，方便一家人露天用餐，三楼还有一个朝

马克思 · 利伯曼
（1847—1935）

高中毕业后，马克思 · 利伯曼最初学的是化学，但他很快就放弃了这一专业，前往魏玛艺术学院深造他所热爱的绘画。他早期的作品多为现实主义风格，着重刻画荷兰和巴黎的贫苦劳动阶层，但回到柏林之后，他逐渐更多地描绘有闲阶级的生活，画作的色调也变得更加明亮。从 1910 年直至 1935 年去世，每年夏季他都在万塞湖畔度过。作为德国印象主义画家组织柏林分离派的创始人之一，他以万塞湖花园为主题创作了 200 幅油画作品，还有同等数量的粉彩画和素描。他一直是德国文化界的核心人物，虽然遭到纳粹的排斥和忌惮，但他在纳粹开始大屠杀之前就已去世。在他去世后，1938 年，他的妻子玛莎和来自德国与瑞士的私人收藏家将他的 18 件作品送往伦敦参加“20 世纪德国艺术展”，该展览旨在声援被纳粹称作“颓废艺术”的德国现代艺术。

正在采摘玫瑰的利伯曼，拍摄于 1932 年

北的筒形拱顶大画室。与周边那些建有塔楼和宏伟门厅的别墅相比，利伯曼的村居显得朴实无华、对称而紧凑。

突破传统

1909 年，利伯曼给利希特瓦尔克寄去了他关于花园设计构思的第一份草图，在接下来的 5 年间，两人都在书信中反复讨论这一主题。当时的花园设计千篇一律，缺乏新意。园林景观设计师和客户之间似乎都默认了一个模式：设计一个缩微版的贵族或皇家花园，但利伯曼觉得这一陈规十分荒谬。利希特瓦尔克以及现代建筑师彼得 · 贝伦斯等人，都注意到花园规模越来越小的趋势，但当时大众的期望却仍然是模仿 18 世纪英式庭园，奢求将瀑布、岩石山洞、公共散步区以及不同地貌景观等元素都归入囊中，这显然是不合时宜的。

到 20 世纪初，在德国达姆施塔特等地，新艺术思潮不断涌现，随着 1904 年在杜塞尔多夫的实用艺术展以及 1907 年在曼海姆颇具影响力的花园展的举办，这一思潮达到了顶峰。1908 年，利伯曼作为评审团成员，为柏林席勒公园甄选设计方案，最终中选的是一位现代建筑师——弗里德里克 · 鲍尔的作品。正如利伯曼在写给利希特瓦尔克等人的书信中所说的那样，这些全新的设计模式为他提供了更多设计自己宅邸和花园的灵感。

不落俗套的花园

打破建筑与花园传统的“宏伟”模式的新理念渐渐借由威廉 · 莫里斯、格特鲁特 · 杰基尔和威廉 · 罗宾逊的著作由英国引入并渗透进来。在英国作家的新潮思想、欧洲大陆的新艺术流派以及现代主义建筑的联合影响下，德国园林设计转而向全新的方向发展。

对页图　一条强有力的轴线穿过厨房花园，两边是花坛，向下穿过房屋的走廊，一直到湖边。利伯曼受到了新设计运动的影响，他认为花园应该以房屋的几何形状为基础。

万塞花园

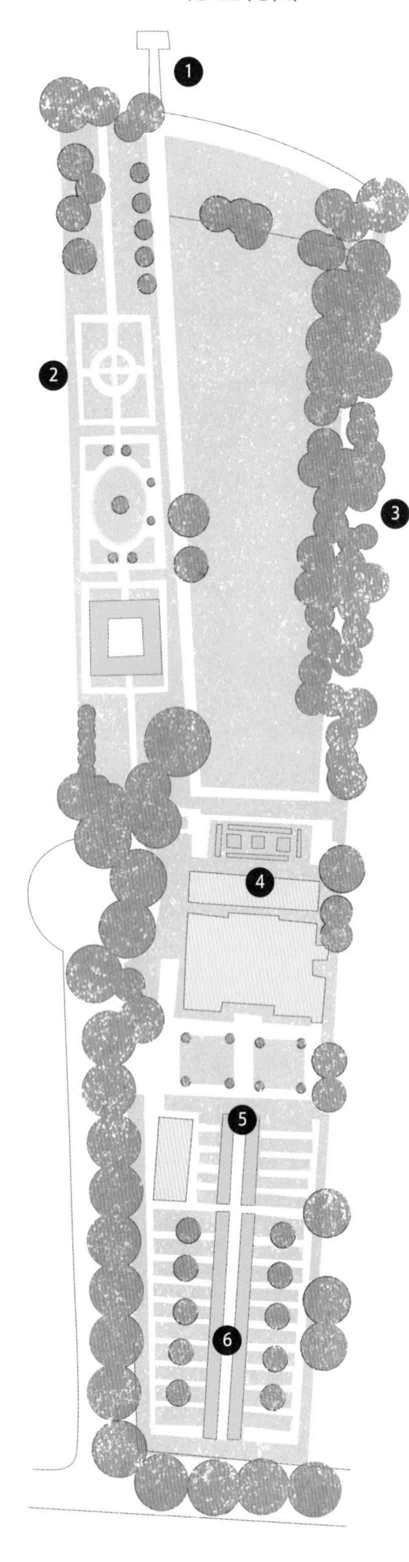

图例

1 码头和茶亭　　4 露台

2 绿篱花园　　5 青柠高跷树篱

3 白桦小径　　6 花卉与蔬菜花园

这一新学派将花园视作正式的空间，要求花园与房屋的设计结构相呼应。几何结构也很重要——利用树篱、台阶、小径和露台可以将空间区隔成几何形区块，利伯曼这一时期的画作中，这些庭院元素几乎总会出现。

在德国，“业余人士”，即画家、建筑师、陶艺师、作家以及像利希特瓦尔克这样的博物馆馆长，开始取代专业园林设计师成为园林设计新理念运动的领导者。利希特瓦尔克曾带着利伯曼参观汉堡易北河附近的农家花园，后者被这些花园的功能性所震撼。那里的人们根据自己的需要设计花园：种植蔬菜获得食材；种植药草获取药物；种植花卉寻求乐趣。当然，这只是理想化的观念，无论是利希特瓦尔克还是利伯曼都未曾想过靠务农生活——自己饲养牲畜或为了糊口而耕种。但是汉堡之行给利伯曼带来的影响依然强烈，这也解释了这位画家的花园为什么会有两个截然不同的区块。

临街的前院花园里种满了蔬菜和花卉。中央步道的两边是宽阔的花坛，种植着色彩丰富的一二年生花卉，这一区域的后面是一个个种着蔬菜、沙拉菜和宿根花卉的独立花坛。整个地块用丁香和素馨作为树篱镶边，利伯曼还种了一排 8 棵修剪成高跷型树篱的青柠树，以此掩藏角落里的园丁小屋。

利伯曼将功能性花园安排在了紧邻街边的显眼位置，里面种着一排排土豆和西葫芦。他近乎刻意地表达着自己的理念——这是一座日常而实用的花园。在到处都是整齐草坪和宽阔车道的高高在上的郊外富人区，这真是惊世骇俗之举。

在屋舍的后方，按照利伯曼的要求，眺望万塞湖的视野毫无遮拦。他在此设计了高低两个平台，较高的宽阔平台供人娱乐，较低的一个则种植花卉，其中最引人瞩目的是由黄杨镶边的花坛，其间鲜花盛开，春季是黄色与紫色的三色堇，秋季则是深红色的天竺葵。利希特瓦尔克曾建议利伯曼夫妇保留此地绵延至湖边的原生桦树林，因此这条小径直接从林中穿过通向水边。

坐在圆形长椅上观赏园中雕塑角度尤佳，这座雕塑是画家的朋友、柏林分离派成员奥古斯特·高卢的作品，而利伯曼还在水边建造了小码头和茶亭。在这位艺术家购置了另一块地之后，后花园变得更加宽敞，他在这里为花园加上了最浓墨重彩的一笔，设计了他称为“绿篱花园三部曲”的区块。他用鹅耳枥树篱围合出 3 个独立的空间：一块种着修剪得四四方方的高跷型青柠树篱，一块种上月季，还有一块则简单地种植着修剪成结构

对页图（从左上角起，按顺时针方向）平台上的花坛；树篱花园的浑天仪；前院花卉园中的村舍花园；桦树小径；从平台望向万塞湖的景色；青柠树篱。

左上图　马克思·利伯曼，拍摄于1924年，他的视线越过花卉平台看向万塞湖。他一直坚持保证观湖的视野畅通无阻。

右上图　《工作室内的自画像》(1930)，描绘了画家在湖畔别墅中宽敞明亮的工作空间。

造型的鹅耳枥树篱。整个空间的中轴线清晰而有活力，贯穿3块绿篱区，而尽头处架设着一台浑天仪。

休养之地

1910年7月26日，利伯曼一家搬进了万塞别墅，当时他62岁。在接下来的24年间，一家人每年都到这里度夏。利伯曼以这座花园为主题创作了至少200幅油画作品，以及同等数量的粉彩画和水彩画，这一题材从未让他感到厌倦。

画家一遍遍地描摹着花园的各个部分，就像莫奈在吉维尼花园所做的那样。但与莫奈不同的是，利伯曼的画作中总会包含一些建筑元素，他从不会单纯地描绘花卉，在画面边缘你总能瞥见房屋、建筑物、小径、台阶或平台，偶尔还有园丁的身影。尽管如此，和同属柏林分离派的艺术家洛维斯·科林特及马克思·斯莱沃特一样，他的笔触也十分松散，色彩运用天马行空，风格上还是比较接近印象主义。而且只要有可能，他们都会在室外作画，并以花园为主题。对此利伯曼有得天独厚的条件，但他更喜欢在画室里为画作收尾。

乌云逼近

到了20世纪30年代初，利伯曼在万塞湖畔夏日田园牧歌式的生活时日无多。作为柏林文化界的支柱，利伯曼担任了13年普鲁士美术学会主席。1933年，为抗议犹太艺术家遭到的排斥，他辞去了这一职务。在接下来的两年，直到他去世，他遭受着来自公众和机构愈演愈烈的迫害，那些曾在他80岁生日时授予他柏林荣誉市民称号的人全都变了一副面孔。

1940年，利伯曼的遗孀玛莎在纳粹党人的胁迫下，不得不卖掉了这座别墅。随后别墅被邮政管理局征用。虽然女儿和孙女都已逃亡美国，玛莎还是搬回了柏林的家。1943年3月5日，她接到了犹太人驱逐令。当天夜里，在给朋友们留下遗书之后，她结束了自己的生命，终年86岁。

凤凰涅槃

第二次世界大战结束后，这座别墅及其花园被改为医院，前院建起了停车场。20世纪70年代，这里变成了一所水肺潜水学院，在湖边建了码头和其他设施。2002年，马克思·利伯曼研究会终于接管了这里，而此时花园已经面目全非，只剩下高高的青柠树篱和一棵栗树。德国最重要的艺术家之一的故居早已被人们遗忘，幸运的是，挡土墙、平台的阶梯仍保留了下来，鹅耳枥树篱花园也留有残迹，这些遗迹使得修复重建成为可能。

上图及下图 《万塞花园西边的实用花园》的两个不同版本，上图作于 1921 年，下图作于 1922 年。利伯曼会在不同季节和不同光线条件下反复描绘同样的主题。

利伯曼几乎从每个角度都描绘过花园，这些画作对花园的修复重建至关重要，1927 年利伯曼在平台上庆祝 80 岁生日时拍摄的照片也很有参考价值。2002—2006 年，研究会筹集资金并邀请志愿者协助重建，恢复出一个大致符合利伯曼家族记忆的花园，包括重新种植的桦树、修复的茅草茶亭和一个充满活力的食材花园。修复利伯曼别墅的意义不仅在于打造了一个纪念颂扬画家生平的场所，更在于将他的花园归置于他曾信仰的一切事物的中心。

右图 按利伯曼的设计修复的花卉与蔬菜花园——清晰的几何结构，小径两侧随意地生长着大丽花、一年生花卉和香草。

利伯曼大事记

1847 马克思 · 利伯曼生于柏林一户犹太富裕纺织厂主家庭

1869 前往魏玛艺术学院学习；游历巴黎和慕尼黑

1884 返回柏林；与玛莎 · 马克沃尔德结婚；女儿凯蒂出生于 1885 年

1894 父亲去世；继承位于柏林巴黎广场的房屋，从 1892 年起利伯曼就在此居住

1897 被任命为柏林皇家艺术学院教授

1898 被推选为新成立的柏林分离派主席

1909—1910 修建利伯曼别墅；之后每年夏季都在此度过

1920	1927	1935	1940	1943	1995	2006
被任命为柏林普鲁士艺术学院院长；1933 年辞去该职务	被授予柏林荣誉市民称号	于柏林巴黎广场家中去世	利伯曼别墅被纳粹征用	妻子玛莎于 3 月自杀	马克思 · 利伯曼研究会成立；2002 年利伯曼别墅开始进行修缮	利伯曼别墅对公众开放并获得欧洲遗产奖

上图 索罗拉最著名的画作之一,《缝制风帆》(1896)奠定了这位艺术家西班牙“光影大师”的美誉。

对页图 这幅《自画像》(1909)完成于索罗拉的创作巅峰时期。同年，他在美国举办了首次个人画展。

华金·索罗拉

西班牙，马德里

西班牙有许多伟大的艺术家，然而只有一位配得上“光影大师”这个称号。当摄影艺术还处于萌芽阶段，欧洲大陆的想象力刚刚开始被这一新艺术形式激发出来时，华金·索罗拉·亚·巴斯第达已经开始痴迷于追寻光影的本质，并致力于创作出与新兴的摄影图像一样具有冲击力的画作。索罗拉以描绘家乡瓦伦西亚海滩上的儿童、动物和劳动大众闻名，但他的作品中也有肖像画和乡村风景画，随着年龄增长，他还创作了越来越多的花园风景画。出于对自然与户外活动的一贯热爱，他曾热衷于描绘格拉纳达和塞维利亚的大花园。到了壮年时期，他在马德里设计

并建造了自己的花园。这座花园后来也成为他许多画作的灵感源泉。

捕捉光线变幻

1863年，华金·索罗拉出生于瓦伦西亚。在他只有2岁时，他的双亲死于霍乱，之后他由叔叔婶婶抚养长大，并跟着锁匠叔叔做学徒。当时瓦伦西亚三分之一的人口都是文盲，很少有人接受正规教育。索罗拉非常幸运，能够上学并学习绘画，他的艺术才华因而得以展现。

15岁时，索罗拉获准进入瓦伦西亚艺术学校学习，并获得了当时的顶尖摄影师安东尼奥·加西亚提供的工作与资助。除了提供经济和精神上的支持，这种与摄影的联系也对索罗拉产生了重要影响。索罗拉对这位赞助人的艺术创作既着迷又沮丧，他在一生中也收集了大量的各种主题的摄影作品。也许正是因为如此，20岁的索罗拉自然而然地爱上了加西亚的女儿克洛蒂尔德。事实证明他们确实是天作之合。1889年，这对夫妇举家移居至马德里。

索罗拉一直喜欢在户外进行绘画创作。在瓦伦西亚时，他描绘过人们在海滩上工作的场景——人们沿袭数百年来的习惯，用牛马来拉船，虽然这些生活场景不久后就在这座小镇中销声匿迹了。搬到马德里后，尽管索罗拉不喜欢在画室里画画，但在寒冷的冬季，有时他不得不在室内工作。然而只要一有机会，他就会去户外，通常带着孩子们——玛丽亚、华金和爱莲娜，他们也是他的模特。1906年，当他的大女儿玛丽亚染上肺结核时，一位友人借给他一处位于帕尔多山脉的庄园，在那里玛丽亚可以呼吸到更为纯净的空气。他在那里为她画了一幅画——《玛丽亚在帕尔多庄园中作画》(1907)，画作生动地呈现了膝盖上放着一盒颜料的玛丽亚在画架上作画的场景。到1907年夏天，玛丽亚已经康复，并出现在他的画作《玛丽

左图 《塞维利亚阿尔卡萨宫的舞蹈庭院》(1910)。索罗拉对庭院十分着迷，后来他借鉴在西班牙南部看到的庭院设计，在马德里打造了自己的花园。

华金·索罗拉
(1863—1923)

双亲过世后，华金·索罗拉由叔叔婶婶在瓦伦西亚抚养长大。1888年，和妻子克洛蒂尔德结婚后不久，年轻的索罗拉和妻子移居到马德里。他的肖像画、描绘西班牙海岸线上劳作的人们的场景画，以及在美国受托创作的巨幅作品，使得索罗拉成为那个时代最成功的画家之一。他的作品兼具具象主义、印象主义和光色主义风格，但他最感兴趣的是捕捉光线变化以及再现新兴的摄影艺术产生的现实效果。随着索罗拉的名气越来越大，他和克洛蒂尔德终于能够在位于马德里郊区的钱伯里建造自己的房子和花园，并于1911年带着孩子们搬了进去。尽管为了创作四处旅行，但他总会回到马德里，并越来越多地将自家花园作为灵感的来源。

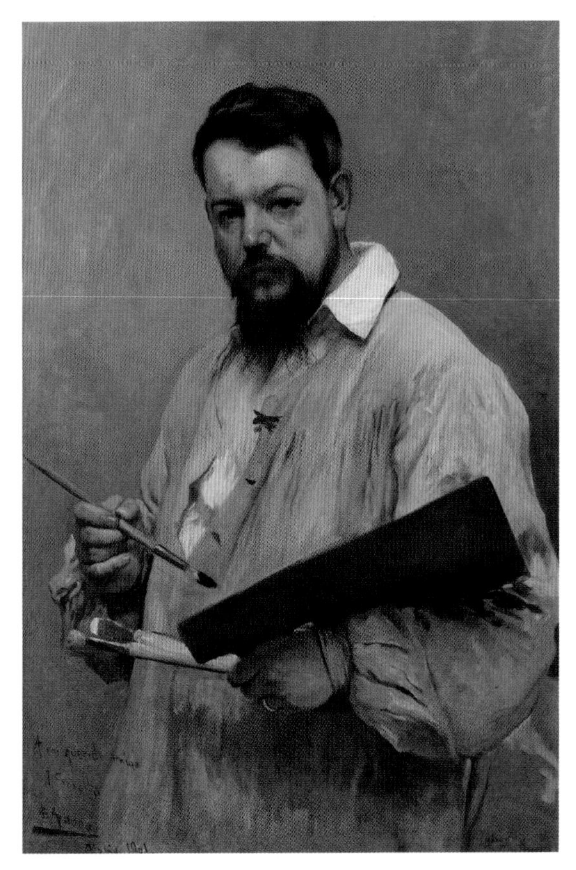
《华金·索罗拉》(1901)，作者是何赛·希门尼斯·阿兰达

“我以自己一贯希求的方式工作，也就是说，在户外的阳光下……”

——华金·索罗拉，1889

上图 《索罗拉宅邸的花园》（1918）展示了第二花园中的池塘和小溪流，灵感来源于艺术家的多次格拉纳达之旅。

亚在农场的花园里》（1907）中。

这位艺术家还在西班牙南部待过一段时间（和他同时代的约翰·辛格·萨金特也有相同经历，人们经常拿他俩作比较）。1909 年他曾在格拉纳达画了几幅阿尔罕布拉宫的景色，一年后他又在塞维利亚画了几幅阿尔卡萨宫的景色，这些绘画经历进一步增加了他对花园主题的兴趣，这一主题也终将伴随他的余生。

定居钱伯里

到了 1911 年，索罗拉一家已经有了足够的钱，可以在马德里绿树成荫的郊区钱伯里马丁内斯将军大道 37 号建造自己的房子。索罗拉觉得需要一个更舒适、更实用的家，于是设计并监督建造了住宅、工作室和一个新花园。这个花园最终不仅是一家人的庇护所，更成为他创作灵感的新来源。

这所房子处处显现着索罗拉与南西班牙的关联，安达卢西亚风格的内庭里，栽种着柏树和夹竹桃，中心处是一座喷泉。索罗拉还大量运用了传统手工艺品，在内庭中使用了塞维利亚特里亚纳工厂出产的蓝白瓷砖，房屋内部通道则镶嵌着绿色和黄色的瓷砖。嵌板出自塔拉韦拉德拉雷纳的工厂。工厂老板、陶艺家鲁伊斯·德·卢纳是索罗拉的朋友，致力于复兴传

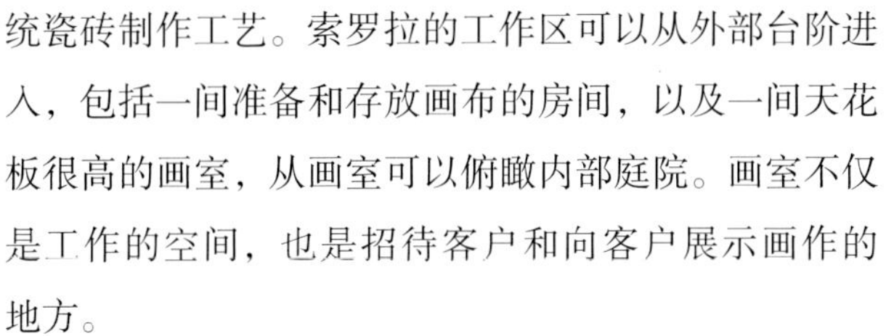

统瓷砖制作工艺。索罗拉的工作区可以从外部台阶进入，包括一间准备和存放画布的房间，以及一间天花板很高的画室，从画室可以俯瞰内部庭院。画室不仅是工作的空间，也是招待客户和向客户展示画作的地方。

打造可入画的花园

在规划自己的花园时，索罗拉的灵感源于他在塞维利亚和格拉纳达参观并描绘过的伊斯兰花园。外部庭院主要为户外起居而设计，以水景、坚固的构架和空间的私密性为特征。更具体地说，这个空间是为方便他户外作画而存在的。

房子前面的第一花园可能风格上受塞维利亚阿尔卡萨宫的影响最大。台阶通向主入口，两侧后来种上了一棵橘子树和一棵棕榈树。在北面墙边，索罗拉放置了一张大大的石制座椅，可以俯瞰长方形小水池，座椅上面镶嵌着他从塞维利亚的门萨克工厂订购的新瓷砖。在花园的各个角上，都有低矮规整的黄杨和桃金娘树篱围合成的花坛，花坛里种着芳香的月季。小径由红陶方砖铺就，上面镶嵌着新西班牙风格的小装饰花片。

在设计入口时，索罗拉还设置了一个离工作室最近的花园，即现在人们所知的“第三花园”。他在这里设计的主要景观是一个巨大的荷花池。如今，弗朗西斯科・马可・迪亚斯-平塔多创作的青铜雕塑群像组《信心之源》从上方俯瞰着水池，相当醒目，这一组雕塑是在1975年进驻花园的。花园里还有一个很大的藤架，索罗拉喜欢在那个位置架设他的绘画装备。园中种有多种灌木，包括落叶杜鹃花、绣球和常绿杜鹃

左上图　在《花园中的克洛蒂尔德》（1919—1920）中可以看到蓝色和白色的镶边瓷砖，画中描绘的是索罗拉的妻子，摄影师安东尼奥・加西亚的女儿克洛蒂尔德。

右上图　在《索罗拉宅邸的庭院》中可以看出索罗拉热衷于使用传统工艺制作的瓷砖。

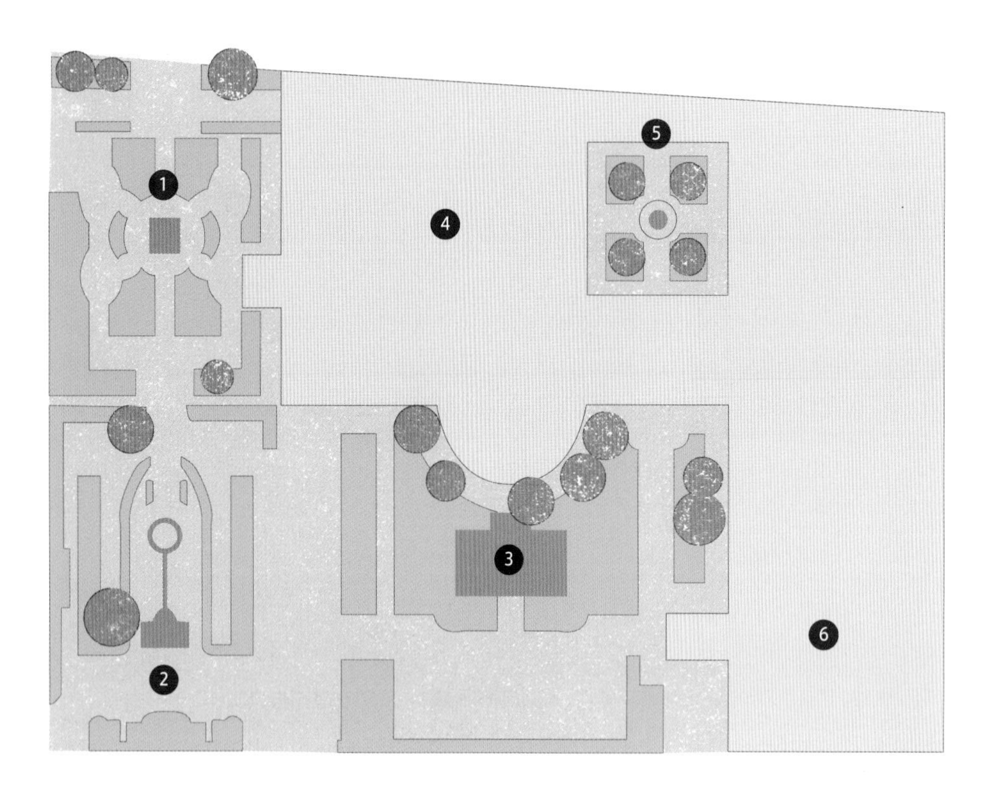

图例

1 第一花园

2 第二花园

3 第三花园

4 索罗拉的住宅

5 内部庭院

6 索罗拉的工作室

对页图（从左上角起，按顺时针方向）第一花园；安达卢西亚风格内庭；通往索罗拉工作室的贴砖台阶；第三花园中的水池和青铜雕像；铺瓷砖的石凳；第二花园；住宅墙上的石头喷泉和水槽；这位艺术家的半身像复制品，现在矗立在藤架下，原作由马里亚诺·本利乌尔创作。

花，周边围着低矮的黄杨树篱。这座花园独特的蓝白瓷砖镶边在他的好几幅作品——尤其是在1919年他描绘克洛蒂尔德的画作中——都显得清晰可辨，那幅画中他的妻子坐在开粉色桂竹香的长花境前。

1917年冬天，最后一次去往格拉纳达时，索罗拉开始为马德里家中新建造的花园（第二花园）寻找灵感。这个花园是第一花园的延续，连接着第三花园，而它的设计最让索罗拉忧心，他反复地画出不同的设计构想。第二花园对阿尔罕布拉宫的借鉴最为明显，但顶饰雕像的白色立柱又带有一些古罗马文明的色彩。它以南北走向的通道为界，特色景观小喷泉为庭院稍稍降温，其间点缀着白花素馨、天竺葵、绣球花盆栽，还栽种着树形月季和更现代一些的墨西哥橘。视线尽头的罗马雕像是索罗拉1916年收到的礼物。

虽然是分开设计的，但这三个空间通过索罗拉选用的装饰物和材料——台阶、瓷砖铺就的小路、石柱和长凳、红陶罐和雕塑，以及每个花园中的水景——关联在一起。

蕴含深意的植物

与许多园丁一样，索罗拉会在那些对他具有重大意义的地方选取植物。他从格拉纳达订购桃金娘插穗制作树篱。他还在花园中加入具有特殊意义的树木和植物，其中一个例子便是以春天繁盛的粉色花朵而闻名的南欧紫荆。1911年，索罗拉与家人搬到钱伯里时，把这棵被称为“爱之树”的树栽在了屋前。他的早期画作《爱之树》（1902—1904）中就描绘了一棵南欧紫荆。

花园成为索罗拉和家人放松的重要场所，也为他的画作提供了更为私密的背景。这在当时的西班牙画家中是一种公认的趋势。索罗拉追随马里亚诺·福图尼（1838—1874）的脚步，选择在户外作画，后者也曾在格拉纳达的阿尔罕布拉宫待过一段时间，以便更准确地描绘植物。索罗拉总共创作了大约140幅花园风景画，包括以他自己的花园为主题的画作。随着年龄的增长，花园对他而言越来越重要，成为他灵感和创造力的直接来源。

A JOAQVIN SOROLLA
PLVS VLTRA

西班牙的愿景

经由富有的赞助人阿彻·米尔顿·亨廷顿牵线，索罗拉受美国西班牙协会委托完成了名为《西班牙的愿景》的系列画作，以装饰该协会在纽约的图书馆。这系列作品耗费了索罗拉晚年大部分的时间和精力，从各方面来说都堪称史诗级的巨作。他的两次巡回画展激起了美国大众对他的作品的兴趣，一次是在 1909 年，超过 15 万人被吸引前来参观，另一次则在 1911 年。而他这次受托的任务是采集并描绘西班牙从巴斯克自治区到安达卢西亚地区的风情。他从 1912 年开始着手创作 14 幅 4 米高的油画，整个创作过程耗时 7 年。

在西班牙各地区间穿梭旅行和创作，加上远赴美国举办展览的往返奔波，对索罗拉的身体造成了极大的伤害。在给克洛蒂尔德的书信中，他多次提到，旅途中的生活和工作让他身心俱疲，他的精力就像"转瞬即逝的火花"。旅行归来之后，索罗拉患了重病。1920 年，他在花园里的藤架下作画时中风，此后便瘫痪了。他再也不能作画了。在一张拍摄于 1922 年 6 月，女儿爱莲娜婚礼的照片里，他们一家人站在阳台上，俯瞰着他亲手种下花草的花园。这位画家，尽管病弱，仍是照片中的中心人物。

索罗拉大事记

1863	1878	1889	1890—1895	1909—1917	1909	1911
华金·索罗拉·亚·巴斯第达出生于西班牙瓦伦西亚；两年后双亲去世	在瓦伦西亚艺术学校学习；师从摄影师安东尼奥·加西亚	与加西亚之女，克洛蒂尔德结婚；搬至马德里	三名子女出生，玛丽亚、华金和爱莲娜	定期前往阿尔罕布拉宫和塞维利亚	在美国举办第一次画展	在马德里建造住所和花园；在美国举办第二次画展

他不朽的作品《西班牙的愿景》直到1926年（索罗拉去世后）才被安放在纽约曼哈顿的拉美裔美国学会，总长度达到惊人的200米。

尽管世纪之交的那些建筑如今已经被20世纪晚期的住宅所取代，马德里郊区的钱伯里如今依然绿树成荫。克洛蒂尔德当时把房子和花园原封不动地捐给了西班牙政府。当地政府于1932年将宅邸向游客开放。每到周日，马德里所有的博物馆都可免费参观，而索罗拉故居是其中的热门游览目的地。索罗拉的半身像矗立在藤架下，而马德里的伟大和美好仍聚集在他的工作室里，就像在他最鼎盛的时期那样。光影大师又重回往日荣光。

对页图 《摘自我家花园中的白玫瑰》创作于1920年，同年索罗拉中风，不得不停止所有绘画工作。

上图 索罗拉最后几张花园画作之一《索罗拉宅邸的花园》。

1912	1917	1919	1923	1932	1989—1990	2010
接受美国西班牙协会委托后，开始游历西班牙	参观格拉纳达的阿尔罕布拉宫并计划为马德里的住所建造一处新花园	完成画作《西班牙的愿景》	在1920年中风后去世，享年60岁	索罗拉博物馆在这位艺术家的马德里故居开馆	在美国举办第一次回顾展	彻底翻新的《西班牙的愿景》重新展出

上图 《蓝桌子》（1923），在勒·斯丹纳的家"斯拜特利"的庭院中创作完成，画作中描绘的私人主题鲜明地反映出他惯有的风格。

对页图 勒·斯丹纳，照片拍摄于1930年前后，照片中是他位于日尔贝路瓦村的家，他在那里一个由谷仓改建而成的工作室中进行创作。

亨利·勒·斯丹纳

法国，皮卡第，日尔贝路瓦

作为一名艺术家，亨利·勒·斯丹纳在世时的美誉度，与同时代的克劳德·莫奈和爱德华·维亚尔这些伟大艺术家相比几乎毫不逊色。但过世后他的声名渐渐湮没，而今，他的作品几乎鲜为人知。虽然并非印象主义画家（以室外写生著称），勒·斯丹纳的画作却常以花园为主题，他尤其热衷于描绘自己在皮卡第的花园，凭借实力跻身一众优秀的园丁画家之列。

评论家认为他的风格属于后印象主义，技法上应划归点彩派。但实际上，勒·斯丹纳并不愿意被贴上各种标签，也不想归类于任何流派。他曾经表示："如果非要归类，就叫我情感主义画家好了。"

突破传统

自青年时代开始，勒·斯丹纳就不是个墨守成规的人。斯丹纳于1862年出生于法属毛里求斯，后来他随父母返回法国，定居于加莱海峡海岸线上的敦刻尔克。他的父亲是一位船运经纪人，所以家人大概并不支持他选

亨利·勒·斯丹纳
(1862—1939)

虽然勒·斯丹纳在巴黎、布列塔尼、凡尔赛、伦敦和威尼斯都曾工作过，但他位于法国北部日尔贝路瓦的宅邸及花园才是带给他最多灵感的地方。他的作品中，有至少 90 幅已完成的油画和粉彩作品及 50 幅习作是以他的宅邸为主题。其中很多幅作品里出现了白色月季花园，用于家人聚餐以及款待朋友罗丹、奇戈和比利时诗人埃米尔·维尔哈伦的露台。在他的晚年，等朋友们散去之后，上了年纪的勒·斯丹纳会回到工作室，试着描绘刚才和他们一起在花园长坐到傍晚的气氛。他最喜欢刻画宅邸附近的私密空间，特别是黄昏时刻日薄西山时的场景。他的大部分作品被保存在罗马、毕尔巴鄂、马德里、科隆、纽约、芝加哥、费城和英国的私人画廊或个人收藏家手中，法国画廊中只藏有寥寥数幅。

《亨利·勒·斯丹纳》(1894)，这幅肖像画的创作者为玛丽·迪昂。

择画家这一职业。但这并不能阻止他只身前往巴黎。多次被拒后，他终于获准进入颇负盛名的巴黎美术学院学习。

他不久就厌倦了巴黎的压抑感。1885 年，他移居到法国北部位于奥帕尔海岸埃塔普勒的一个艺术家聚集地。在那里他结识了他的两位终身挚友——尤金·奇戈和亨利·迪昂。他们一同描绘大海、海港和城市，共同追寻难以捉摸的光影变幻。

移居日尔贝路瓦

勒·斯丹纳很快又一次厌倦了埃塔普勒的生活，与一位名为卡米耶·纳瓦拉的年轻巴黎女士离城私奔。之后两人结婚，并在巴黎西南的凡尔赛安顿下来。由于他的画作销量喜人，1899 年，亨利和巴黎著名的小乔治画廊签署了一份合同。在接下来的 30 年里，无论他在哪里进行创作，他的作品都会被装进木箱送到小乔治画廊出售。

凡尔赛的公园似乎激起了勒·斯丹纳将花园作为绘画主题的兴趣。此时他已经有了两个孩子——雷米和路易。他带着孩子们参观了安德烈·勒诺特尔为太阳王路易十四修建的历史名园。然而打动他的并不是花园开阔的远景和宏伟的规模。他在意的是更为私密的主题：一行阶梯、一座门楼、小亭子、大门和门廊、庭院，或是娇艳春花映衬下的一股水流。在他造访凡尔赛之前，评论家曾将他定义为象征主义艺术运动的一员。如今在他的作品中，那种风格早已销声匿迹。他的工作和生活即将迎来全新的转折。

勒·斯丹纳在乡村中生活得永远比城里快乐，他想要购买一处产业潜心创作，为画作找到新的发展方向。雕塑家奥古斯特·罗丹向他推荐了法国北部的美丽教堂小镇博韦；而另一位好友，陶瓷艺术家德拉哈切则建议他到附近的小村庄日尔贝路瓦看看。1901 年 3 月，勒·斯丹纳初次造访了日尔贝路瓦。

这位艺术家完全被这座寂静的中世纪小村庄迷住了。这里有古老的房子，还有横跨瓦兹河的小桥。他租下了一座狭长的两层楼住宅，之后又将其买下。这

重现光影

勒·斯丹纳总在户外或是夏日工作室开始绘制新作，再到旧谷仓改建的室内工作室修改收尾。他着迷于黄昏的光线，描绘每天这一时刻光影变化的技巧日臻成熟。他还研究过渐暗的室外与来自窗内光线之间的微妙关系，并试着用橘色描绘窗内光线，这在当时是相当大胆的尝试。他定居日尔贝路瓦后，最早完成的一件作品是《白色花园中的桌子》，终其一生，他画了百余幅类似背景的作品，只为表现出与现实影像完美吻合的光影效果。

《白色花园中的桌子》（1906）

勒·斯丹纳在花园中作画（1920）

《五月的傍晚》（1934）

所房子毗邻教堂，原本属于一个宗教团体。他的这座宅邸，“斯拜特利”（意为长老院），原先是一座中世纪城堡的废墟。在之后的30年中，这里成了他一家人的夏日居所，并引发了他的新爱好——园艺。

建造花园

移居日尔贝路瓦让勒·斯丹纳确认了自己作为情感主义画家的定位，这是一群松散地信仰印象主义风格的画家。不同的是他们的绘画主题不是自然风景，而是更为居家的内部装饰、窗户和露台等。勒·斯丹纳对描绘日尔贝路瓦新家花园的兴趣与日俱增，对于他来说，这一主题几乎和描绘不同光线质感的主题具有同等的重要性。在巴黎成功描摹过暮光、月光和日出之后，这两种令勒·斯丹纳着迷的主题至死都是他作品的主旋律。

他在花园中设置了很多单色区域。他将产业原先自带的屋前地块打造成了白色花园（比维塔·萨克维尔-韦斯特在肯特郡锡辛赫斯特所建的那座著名白色花园早了30年）。之后亨利又买下了几块地，一点点地将花园扩建到3000平方米。每片区域都以某个

"我如此热爱绘画，以至于热爱每一位真诚的画家。"

——亨利·勒·斯丹纳，1931

色彩为主题：白色花园上方是黄色花园，种植了金色的黄杨和黄色月季；蓝色花园中种植了分药花，耐寒天竺葵和几乎蓝色的月季"太平洋之梦"。他在当地种植者那里购买宿根植物，到附近的博韦购买月季和杜鹃。

这个花园是在中世纪的城堡废墟上改建而成的，因而多处都留有废墟的遗迹，他回收了那些古老的石料，用它们修建露台和露台四周起保护作用的石质栏杆。早在打造日尔贝路瓦的花园之前，勒·斯丹纳就曾在意大利的博罗梅安岛写生，他建造的露台可以明显看出受意大利风格的影响。他为花园取名"落石花园"，在这里栽种了月季和绣球花。他非常喜欢绣球花多变的花形和色彩，其中白色的拖把头型品种当属他的最爱。

他在花园各处布置了古老的宗教雕塑，这些雕塑都是在花园修建过程中发现的。后来，他终于能买下城堡原先的护城河。于是，在整个地块的边界处，他以原先的古老圆塔作为基础，搭建了一个带有小穹顶的凉亭，灵感来自凡尔赛宫的爱神殿。凉亭有着铜绿色的屋顶和木质支柱，他和宾客们可以于此放眼眺望皮卡第的乡村美景。

皮卡第的玫瑰

勒·斯丹纳在顶层露台上打造了月季园，栽种的

左上图 《教堂旁的住宅，日尔贝路瓦》（1932）。

左下图 灵感源于意大利花园设计风格，勒·斯丹纳将自己的月季露台取名为"落石花园"。

对页上图 白色花园是勒·斯丹纳最早打造的区域，是一块位于住宅正前方的平地。

对页下图 《暮光中的白色花园》（1913）描绘了草坪和四周的白色绣球，这也是勒·斯丹纳最喜爱的绣球品种。

都是当时最新的园艺品种，有深粉色的攀缘月季“埃克塞尔萨”（Excelsa，1909 年育成）和略浅的粉色月季“多萝西·珀金斯”（‘Dorothy Perkins’，1902 年育成），它们都是丰花重瓣品种。他让本地铁匠参照自己的设计定制了金属拱门，用来支撑月季。有几处

顶部图 亨利·勒·斯丹纳设计的低矮金属月季拱门，方便观赏者在经过时近距离欣赏花朵。

上图 《黄昏时分的月季花园》（1923）描绘了傍晚时分照亮花朵的柔和光线。

对页图 （从左上角起，按顺时针方向）从花园俯瞰日尔贝路瓦的皮卡第村；上层露台的月季花园；月季“太平洋之梦”；通往蓝色花园的楼梯；亨利·勒·斯丹纳半身像，作者费利克斯·亚历山大·德吕埃勒；用来建造观景凉亭露台的城堡遗迹；月季“埃克塞尔萨”。

的拱门只有 1.5 米高，个子高的来访者完全无法从下面穿行，却非常适合近距离抬头观赏花朵。花园的设计风格极为强烈，整齐的几何形灌木丛和通道将人们的视线由月季构成的隧道一路引向花园中心的基座和水池。

这一灵感应该源于之前他在意大利参观过的花园，但也很有可能来自他 1908 年去过的汉普顿宫。

1916 年，一位英国士兵为他的法国爱人写下歌曲《皮卡第的玫瑰》，其中的心酸歌词将这种花与皮卡第联系在了一起。实际上“玫瑰热潮”早在战前便已兴起，勒·斯丹纳对此功不可没。抵达日尔贝路瓦后不久，这位艺术家便劝说此处的要员种下两株灌木月季，市政厅外一株，广场前一株。到了 1904 年，他更呼吁日尔贝路瓦的居民在家门前各种植两株月季，大多数人也照做了。很快，原本就风景如画的小村处处可见娇美的花朵（为了避免发生色彩不协调的情况，勒·斯丹纳对花色也进行了精心的安排），艺术家进而在 1908 年策划了第一届玫瑰节。现在，日尔贝路瓦玫瑰节依旧在每年 6 月的第三个周日如期举行，届时大街小巷都会装点着花朵，穿梭着花车。

重现光辉

勒·斯丹纳一生中在法国、其他欧洲国家和美国展出并出售的画作有大约 4000 幅。但在 1931 年负责销售他画作的小乔治画廊关闭之后，法国几乎将他遗忘了 50 年之久。他的作品大都销往国外，收购得最多的是一名叫辛格的美国画商。勒·斯丹纳在 1939 年 7 月去世，这一时间点也不幸地导致这位艺术家在故乡留下的艺术遗产严重减少。他的两个儿子被卷入之后的战争中，当大儿子雷米回到日尔贝路瓦准备整修花园缅怀父亲时，却发现勒·斯丹纳当年的建筑规划图和 60 幅在木板上绘制的习作已经被当时占据此处的军队用于引火了。

之后，日尔贝路瓦的住宅和花园传到了艺术家的孙子艾蒂安·勒·斯丹纳手上。他和妻子多米尼克一同负责重现花园昔日的光彩。2008 年，在艺术家去世

70年后，多米尼克以将宅邸开放给公众为目标开始了修复计划。通过筹款并借助志愿者的帮助，杂草和疯长的植物被清理干净，勒·斯丹纳所建花园的原貌得以重现。所有月季都保留在原先的位置，并且尽可能地恢复其繁茂之态，就算是新补种的月季也来自同一年代。

这里的围墙也进行了加固，爱神殿得到重建。几年后，花园对游客开放，2013年，它被法国旅游局授予重点花园的称号。这一殊荣只颁给法国最优秀的花园，在日尔贝路瓦有两座：勒·斯丹纳花园和附近拥有古老红豆杉的伊夫花园。

日尔贝路瓦也被授予法国最美村庄的称号，这在皮卡第绝无仅有，因而吸引了越来越多的游客。令人欣喜的是，鹅卵石铺就的凹凸不平的道路和狭窄的街巷使得车辆无法通行。当初吸引亨利·勒·斯丹纳定居的这种脆弱和私密感，如今又使村庄的各种景致得以保存。到了21世纪，他的作品已经与莫奈及其他法国知名艺术家的作品一同在世界各地的画廊中展出，艺术家本人应该也会为之骄傲。就像这座花园一样，勒·斯丹纳的作品也终于重现光辉。

上图　基于中世纪圆塔而建的凉亭，穹顶效仿了凡尔赛的爱神殿。

对页图　《挂着灯笼的凉亭》（1926）同时体现出勒·斯丹纳对花园私密区域的热爱和他傍晚作画的爱好。

亨利·勒·斯丹纳大事记

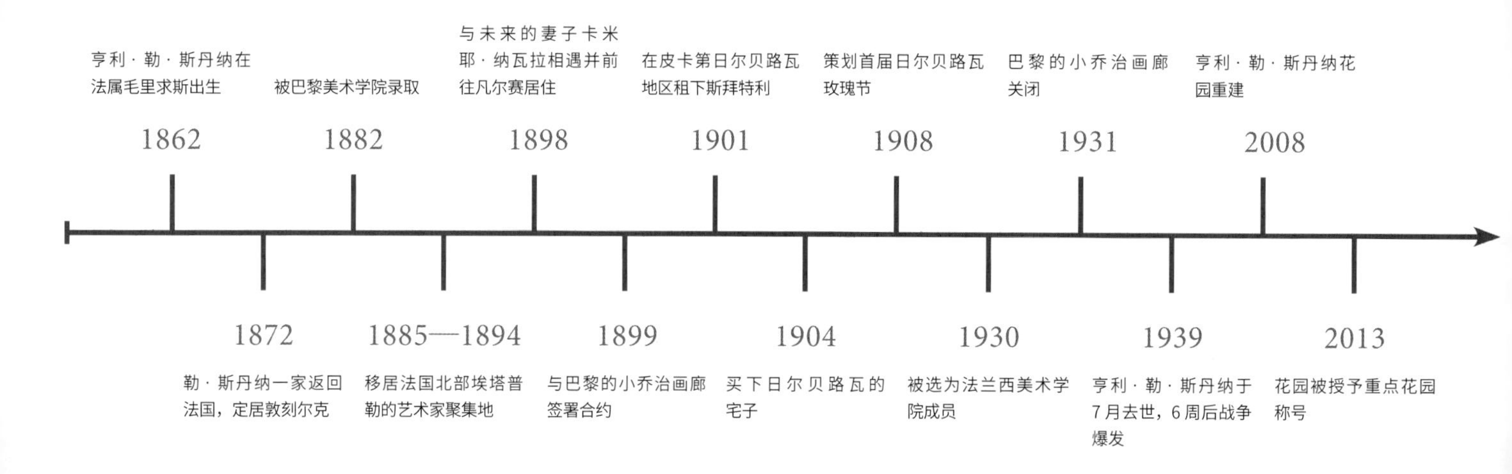

埃米尔·诺尔德

德国，北弗里斯兰，基布尔

作为20世纪初最为大胆而耀眼的画家之一，埃米尔·诺尔德是德国表现主义运动的杰出代表，他尝试过的创作题材广泛多样，从富有争议的圣经场景到海洋陆地的风光，以及生机勃勃的花卉都有涉猎。他经历了纳粹德国的兴衰，在那些动荡的岁月中，他隐居于德国与丹麦边境基布尔的一处私人花园中，在那里释放出自己源源不绝的创造力。这位艺术家人生最后的愿望，是人们能造访他在海岸边沼泽地上建造的房子和花园，体会他曾在那里体验过的平和心境与艺术上的新生。

埃米尔·诺尔德本名埃米尔·汉森，出生于跨越现在丹麦与德国两国边界的石勒苏益格。他的父亲原本希望他在诺尔德的自家农场工作（后来他将自己的姓氏改成了诺尔德这个地名）。年轻的埃米尔没有听从父亲的

上图　1941年的埃达和埃米尔·诺尔德在基布尔花园中。

左图　埃米尔·诺尔德自行设计了新宅邸周边的花园。这所宅邸建于1927年，位于德国与丹麦的边境线上。园中有一座茅草顶凉亭，被称作“小基布尔”，是效仿该地块原有的旧农舍建造的。

埃米尔·诺尔德
（1867—1956）

农人之子埃米尔·诺尔德通过自己的不懈努力在艺术领域闯出了一片天地。木雕学徒出身的他，最终得以跻身同时代最著名的表现主义画家之列。1926 年夏天，他和妻子埃达购置了一块靠近德国与丹麦边境的临海沼泽地——基布尔。第二年，这对夫妻开始在此打造一座现代风格的房子，这所宅邸在北方大地的茫茫草甸和辽阔天空下十分显眼，风格强烈。房屋前院建造的花园优雅而规整，其间种植了大量季节性花卉，为诺尔德那些色彩丰富的画作提供了素材。在基布尔居住的那些年，这位画家以自己设计的花园为主题，创作了数以千计的油画和水彩画。

1929 年的埃米尔·诺尔德，时年 62 岁

建议，转而学习木雕。1892 年，他在瑞士找到一份工程制图教师的工作，并发表了一系列颇受欢迎的漫画——凭借这些作品，他经济上十分宽裕，得以追随本心进行绘画创作。1901 年，他在日德兰半岛北部一个名为利尔德斯特兰德的渔村消夏时，邂逅了 22 岁的丹麦女演员埃达·威尔斯特鲁普。次年，他们在哥本哈根郊外结婚。不久之后，埃米尔和埃达·汉森把姓氏改成了埃米尔的出生地——诺尔德，这使他与家乡风物之间的联系更加紧密。

波罗的海小岛阿尔森（现名阿尔斯）低廉的生活成本十分吸引诺尔德夫妇，1903 年他们在那里租了一间茅草屋顶的渔民小屋。埃米尔用旧码头的木板建造了一间简陋的工作室。海洋似乎赋予了他酣畅淋漓地运用色彩的能力。他描述自己在这一时期，是如何“用回灰色”而感受到陆地与海洋风景之间微妙的差别，从而找回了色彩运用的自信。

在接下来的 7 年中，诺尔德脱颖而出成为表现主义艺术的代表画家，他的作品色彩越来越丰富，展现出许多实验性的绘画技巧。他还短暂加入过两个当时很有影响力的艺术团体，1906 年加入活跃于德累斯顿地区的“桥社”；而加入柏林分离派（由马克思·利伯曼领导，参见第 64 页）的经历则不大愉快，他的一幅宗教题材作品《圣灵降临节》（1908）曾被他们拒之门外。

对花园的迷恋

诺尔德觉得自己被孤立了，在他看来这是艺术界的阴谋。于是他退隐到一个他认为属于自己的地方——北海与波罗的海之间的日德兰半岛。在这里，他整日痴迷于描绘花园，并借此试验和探索一系列不同的绘画风格。他在回忆录中记述了自己开始创作花园主题作品的确切时间和地点：1906 年夏天，阿尔斯岛。他描述月季的红色如何像磁石般吸引着他，接着越来越多花卉出现在他的画作中，他也在创作中不断寻求表达色彩的纵深感。

他在《树下的人》（1904）和《屋前的玫瑰》（1907）中描绘了自己的农舍小屋，它坐落在山毛榉树林的一

角，带一个小花园。接着，他开始描绘临近的花园，对于色彩和试验技巧的运用变得越来越大胆，这一点能从《年轻女人》（1907）和《花园中的对话》（1908）这两幅作品中明显看出，他描绘的主体都簇拥在充满活力的花朵之中。

1916年，埃米尔和埃达在西部海岸买下了一座房子，打算住得更久一些。那是一间农舍，有一个已经建好的朝南花园，夫妇俩在花园里挖了一个池塘，在花坛里种满了百合、芍药、鸢尾和月季。当他从柏林或哥本哈根旅行归来时，这些花朵的绚烂色彩犹如在欢迎他回家一般。

基布尔的家

1920年，诺尔德的家乡石勒苏益格的北部成为丹麦的一部分，而南部则仍是德国领土。他们居住的欧蒂沃夫位于丹麦领土一侧，水景的规划有可能影响到他们的家园，于是埃米尔和埃达决定寻找一个新地方居住。1926年，他们在北弗里斯兰绵延的土地上看中了一个满布荒草的小山丘。在荷兰语中这种小丘叫作“terp”，即古老的人造土丘，在弗里斯兰和北欧其他一些容易洪水泛滥的地区，居住于这种小丘之上更为安全。诺尔德在他的自传中回忆道，他和埃达同时望向对方说：“就是这里了。”

上图 《花园》（1908）。从主流艺术圈隐退之后，诺尔德开始在花园中寻求灵感，花园激发了他对花卉色彩的热情，这种热情随着时间的流逝越发炽烈。

他们选中的这座山丘视野开阔，下方原始自然的湿地风光一览无余。他们着手在丘上建造一座现代化的房子，用的是博克霍恩特有的红砖。房子被他们命名为“基布尔”。房屋的布局遵循太阳运行的轨迹，东面一间卧室沐浴在晨曦下，而西面的一间起居室则到了傍晚还能留住几缕落日的余晖。房子的外观虽然有些粗陋，但由埃达装饰的内部却格外缤纷，彩色的墙壁上挂满了她亲手编织的纺织品。

在基布尔定居之前，诺尔德夫妇就已经积累了丰富的造园经验，对植物也非常了解。在阿尔斯岛和欧蒂沃夫时，诺尔德需要将原先的花园按自己的种植设计进行改造，但在基布尔，他可以充分享受从零开始，完全按自己的设计布置一座花园的过程。不过现实情形并没有这么诗意。这块土地本身相当糟糕，不光有排水不良的问题，并且在土丘的下方还有一个椭圆形的池塘，是过去人们饮牛的地方。这里潮湿的黏土需要掺入数吨的沙子才可能种植植物。起初诺尔德在应对这一切时十分绝望。但之后某次在速写本上涂鸦时，他把自己和埃达的首字母 A 和 E 巧妙地交织在一起，突然间花园的设计在他眼前展开，那是弧形的山楂树篱环绕着的一个秘密花园，花坛的轮廓是字母 A 和 E——虽然置身其中并不明显，但诺尔德夫妇却很喜欢，把它当成彼此之间心照不宣的秘密。

诺尔德用木桩铺设小径，并仔细监督灌木和乔木的种植。为了获得满意的效果，他时不时地亲手移栽它们。在树篱长高之前，花园周围竖起了芦苇篱笆用以防风。园中植物色彩鲜艳，从夏天到秋天一直有鲜花可画。

时至今日，基布尔花园仍基本维持着原貌，在过去半个多世纪的时光里，它们如诺尔德夫妇在世时一样，被精心照料着。在花园中，椭圆形的小池塘和其间简洁的喷泉水柱依然如故，映衬着一簇簇红色、金色、紫色与黄色的花朵。而夫妇俩曾经最爱闲坐欣赏花园的茅草凉亭则被漆成赭黄色。园中的山楂树篱和主人喜爱的果树都已成材。果树品种包括榅桲、野李、西梅和黄香李，现在还增加了一些本地品种的苹果树，比如“阿加特 · 冯 · 克兰克斯布尔”（‘Agathe von Klanxbüll’）以及稀有品种“丽奈特 · 冯 · 基布尔”（‘Renette von Seebüll’）。

1927 年，诺尔德 60 岁时，他在基布尔房舍一楼

基布尔花园

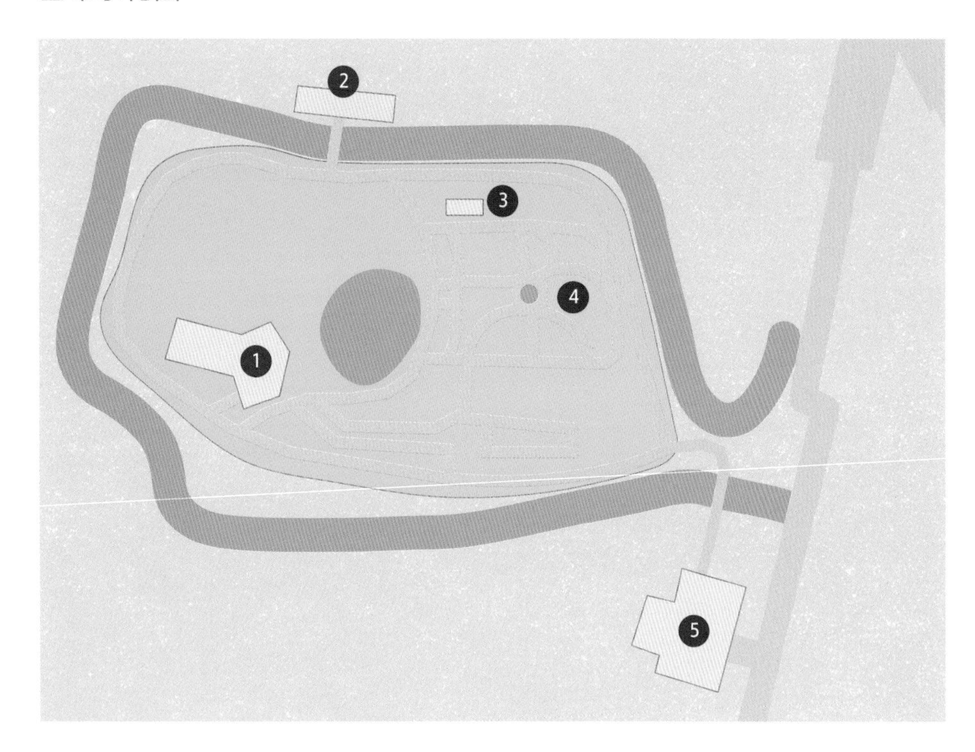

图例

1 基布尔主宅

2 苗圃

3 凉亭

4 花园

5 展厅和画廊

对页图 1926年，埃米尔·诺尔德买下了基布尔农场的这座茅草屋顶农舍，并在他们的新家修建期间，与妻子埃达一起住在那里。这处产业如今是诺尔德基金会的招待所。

下图 因为喜欢基布尔荒凉的沼泽景观，诺尔德夫妇选择在此定居，他们把新房子建在山丘上，花园则布置在旧饮牛塘的下方。

“当人们在盛开的花朵及其芬芳中行走或停驻时，连时光都透着宁静与美丽。”

——埃米尔·诺尔德，1908

上图 《罂粟花》（1950）是诺尔德后期作品，画面中花朵的饱和色彩与明亮的天空相映衬。

对页图 （从左上角起，按顺时针方向）诺尔德花园中的双色羽扇豆；毛地黄、萱草和蓍草点缀之下的花园；诺尔德钟爱描绘色彩艳丽的鬼罂粟；在茅草顶的凉亭前格外亮眼的红色罂粟花；大丽花的绒球状花朵；老鹳草；盆栽金盏花。

的工作室终于完工。这是他第一次拥有一间室内的专用工作室。他极少允许其他人进入这间工作室，即使是妻子埃达也不例外，因为他坚信艺术家的工作室是一个避风港，决不能被“轻浮地玷污”。

最喜爱的花卉

诺尔德住在基布尔时，画作中充斥着大丽花、向日葵和鬼罂粟。这些生动明快的花朵表露了他对色彩的热爱。春季，球茎花卉、报春花、金莲花开启了园中自然生命的序章，接着是繁花似锦的鬼罂粟，在德国这种花也称土耳其罂粟，和鬼罂粟种在一起的还有奥林匹克毛蕊花、芍药、木茼蒿以及耐寒天竺葵。到了夏末，大丽花和向日葵给花园带来强烈的视觉冲击，同时开放的还有盆栽的金盏花、尾穗苋，大片大片亮黄色的松果菊和全缘金光菊。

苦难岁月

20 世纪 30 年代，诺尔德进入普鲁士艺术学院，并于 1932 年参加了德国“二战”前举办的最后一场现代艺术展——新兴德国艺术展。到了 1937

年，诺尔德仍然天真地对自己的前途感到乐观，他在自己房子的二楼新建了一个画廊，但就在这一年，他有超过1000幅作品被各博物馆撤下，还有29幅画作在臭名昭著的慕尼黑“颓废艺术展”中展出。这次展览是纳粹大清洗的一部分，旨在清除纳粹认定为“反德”或“颓废”的艺术作品。希特勒表现出对当代艺术形式的无限反感——展出作品包括亨利·马蒂斯、保罗·克利以及皮特·蒙德里安的作品，甚至连支持纳粹政权的艺术家也无法幸免。

尽管如此，诺尔德一家仍然住在德国境内的家中，他们既没有移民丹麦（他们同时持有丹麦国籍），也没有移民瑞士。为了保护诺尔德的艺术品免遭轰炸，他们在花园里建了一个防空洞。虽然1941年诺尔德被帝国视觉艺术学院除名，但他依然在基布尔继续作画，创作了1300幅小尺寸的画作，这批作品现在被称作“未上色的画”。

战争结束后，诺尔德继续从事绘画创作直到80多岁。埃达去世后，他与26岁的约兰特·埃德曼结婚，并在妻子的帮助下得以继续在基布尔生活。在生命最后的岁月，他成立了诺尔德基金会，该机构将在他去世后接管他的庄园。按照他的遗愿，他和埃达合葬在花园中的老防空洞里，与四周鲜花为伴。如今，花园中种植着的21世纪初在德国繁育的黄色月季品种，就是以画家的名字命名的——月季“埃米尔·诺尔德”，这确实是这位色彩大师应得的赞誉。

左图：月季“埃米尔·诺尔德”，21世纪初在德国繁育，以纪念这位热爱花卉的画家。

对页图：黄色毛蕊花和红色皱叶剪秋罗的强烈色彩在诺尔德现代主义的房舍前非常醒目。

埃米尔·诺尔德大事记

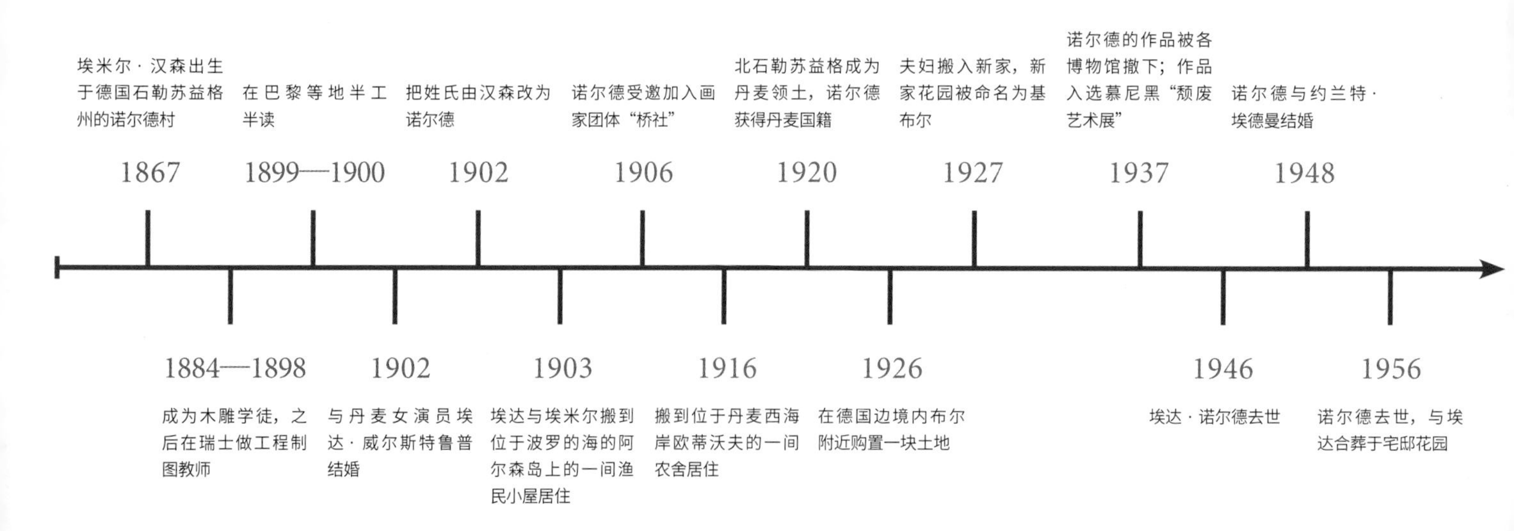

弗里达·卡罗

墨西哥，科约阿坎，蓝房子

多年来，墨西哥艺术家弗里达·卡罗的作品一度为人们所忽视。直到20世纪70年代后期，由于与女权主义者和其他政治活动家的一些关联，她的画作才在国际上引起了更为广泛的关注。弗里达的作品描绘了她在情感和肉体上所遭受的痛苦，这些痛苦自始至终贯穿着她的整个成年生活。到了今天，随着她自传式作品的广为传播，她终于为人所熟知。人们

左图 蓝房子不仅是弗里达·卡罗经历磨难时的避难所，也曾成为革命家利昂·托洛茨基的藏身之处。

上图 弗里达·卡罗，匈牙利摄影师尼古拉斯·穆莱拍摄于1938年，卡罗和这位摄影师曾有过10年的恋情。

弗里达·卡罗
（1907—1954）

墨西哥艺术家弗里达·卡罗以打造生活方方面面的艺术感而著称。她的言行举止极为引人注目，与迭戈·里维拉结婚之后尤其如此。虽然她在世时，里维拉是更为有名的艺术家，但到了 20 世纪末和 21 世纪初，弗里达的作品赢得了更广泛的关注。她的画作风格多样，既有传统拘谨的水彩画又有超现实主义的杰作。生活中的弗里达艳丽而耀眼，无论是她穿着的服装、设计的居所和花园，还是她的民间艺术藏品，都充分展现了她强烈的内在自我。她信奉墨西哥后革命时期的价值观，同时也颂扬祖辈的多元文化。弗里达经历并参与了当时激烈的政治狂潮，她总是置身其中，从不袖手旁观。一生中，她总共创作了大约 200 件艺术作品。

弗里达·卡罗，照片由其父吉列尔莫·卡罗拍摄于 1932 年

通常认为她是一名超现实主义艺术家。她的创作风格自成一派，而她位于科约阿坎（现属墨西哥城郊区）的宅邸和花园，本身就是一件立体艺术作品，也经常作为主题在她的画作中出现。

蓝房子

弗里达·卡罗的宅邸位于科约阿坎，她生于此也逝于此，这座宅邸也是弗里达留下的一件恒久的艺术遗产，供后人缅怀她的人生和作品。如果只用“不是寻常人家”来形容这座被称为“蓝房子”的住宅，恐怕过于轻描淡写。这里的外墙色彩鲜亮，上面装饰着弗里达挑选的宗教和墨西哥民间艺术品；花园中，蜘蛛猴、鹦鹉、一只年幼的宠物鹿与猫猫狗狗们争相吸引着弗里达和她的丈夫——艺术家迭戈·里维拉的注意。蓝房子既见证了弗里达身体上的重创、感情上的心碎，也见证了当时政治上的动荡。但在弗里达人生的后期，这里同样洋溢着友人们的欢声笑语，还有满室的繁花，这些花朵都采自卡罗和里维拉在这里打造的花园。

20 世纪初，弗里达·卡罗的故事才刚刚拉开帷幕。那时的科约阿坎还只是一个小乡镇，由数百年前的前哥伦布时期原住民卡尔赫斯人命名，意为“郊狼横行之地”。这里与墨西哥城的交通往来非常便利。1904 年，弗里达的双亲在此买地建宅，成为这个新社区的早期居民。弗里达的父亲吉列尔莫·卡罗是一位著名的摄影师，1890 年随着德国移民潮移居到了墨西哥。在他和第二任妻子玛蒂尔德搬到科约阿坎三年后，弗里达出生。弗里达还有两个同父异母的姐姐，她们是吉列尔莫死于难产的第一任妻子——玛丽亚·卡尔德纳的孩子。弗里达一家居住的地方，就是后来广为人知的“蓝房子”。

弗里达家的宅邸占地 1200 平方米，位置靠近镇中心广场。房屋依照当时中产阶级家宅常见的墨西哥风格设计建造，是一座单层建筑，屋舍围绕庭院呈 U 形布局，庭院中央栽种了一株橙子树。紧贴外墙处则种着女贞，树影投在狭长的窗上；一道高耸的围墙将弗里达家这片产业和周边产业分隔开来。整套住宅带有4个卧室，并有一个作用至关重要的天井，天井四周环绕着矮墙。矮墙历经岁月，用传统陶罐加以装饰，并点缀着墨西哥的本土植物。

艺术家的诞生

以1910年11月20日开始的反抗迪亚兹总统的起义为起点，墨西哥发生了一系列政治动荡事件，这些事件在弗里达·卡罗早年的记忆中应该留下过一些印记。在弗里达的一生中，政治也的确扮演着重要的角色。同时，父亲的职业也对她产生了一定的影响。弗里达经常待在工作室陪伴父亲，在那里他教她如何拍摄、冲洗和修饰照片。观看着父亲进行的自拍实验，弗里达心中播下了带着强烈个人烙印的自传式画风的种子。

15岁时，弗里达就读于墨西哥城中颇负盛名的国家预备学校，立志成为一名医生——那时她就已经显露出在生物学，尤其是在解剖学和植物学方面的天赋。也正是在这所学校，弗里达与33岁、魅力四射的迭戈·里维拉初次相遇。当时里维拉受托为学校剧院绘制壁画，刚从欧洲回来、又是新晋共产党员的里维拉让弗里达着了迷，在他绘制壁画《创世纪》时，弗里达就在一旁入迷地看着。

1925年9月，弗里达遭遇了一场严重的交通事故，她乘坐的公共汽车与有轨电车相撞，公共汽车被碾得粉碎。事故造成数人死亡，弗里达也身受重伤——她被打上金属支架，住院治疗了好几个月。身体好一些后，她便出院回家休养。百无聊赖却又受伤痛折磨的弗里达，在父母的鼓励下开始作画。她躺在床上，对着镜子画自画像。这场事故之后，弗里达再也没能重回校园。她的脊椎和骨盆在事故中损伤严重，此后的多年间，她不得不多次进行痛苦的手术，却始终未能完全恢复。

那时的弗里达开始画一些家乡小镇的水彩风景画，也为自己和家人朋友绘制肖像画。在那段时间，她还结识了一群激进的知识分子，并在1928年加入共产党。弗里达的一位密友，意大利共产党员、摄影师蒂娜·莫道蒂，再次将她介绍给迭戈·里维拉。里维拉此时已与妻子离异，于是他和弗里达开始了一段恋情。弗里达期望能成为更有知名度的艺术家，里维拉便鼓励她坚持绘画，找到自己的方向。

上图 1931年，弗里达和她的丈夫迭戈·里维拉把墨西哥圣安吉尔的家与建筑师胡安·奥戈尔曼为他们设计的工作室相互连接。

旅居海外

1929年8月，弗里达和里维拉在科约阿坎她家附近的市政厅结婚。结婚时她穿着墨西哥的传统服装，这是她在之后一生中都习于穿着的服装。他们在墨西哥城中安了家，里维拉支付了科约阿坎房子的抵押贷款，弗里达的父母因此在经济上得到了保障——1930年，这处房产被转到了弗里达的名下。

为了让里维拉完成受托的工作，这对夫妇去美国待了一年，他们在纽约、旧金山和底特律都生活过。弗里达继续着她的绘画创作，还一反常态地画过一幅纽约中央公园的写实主义水彩画。1933年，他们回到圣安吉尔，住在胡安·奥戈尔曼为他们设计的两栋内部相通的住宅兼工作室里。

此时弗里达卷入了激进的政治活动中，1937年，她将自己在科约阿坎的家提供给俄罗斯革命家利

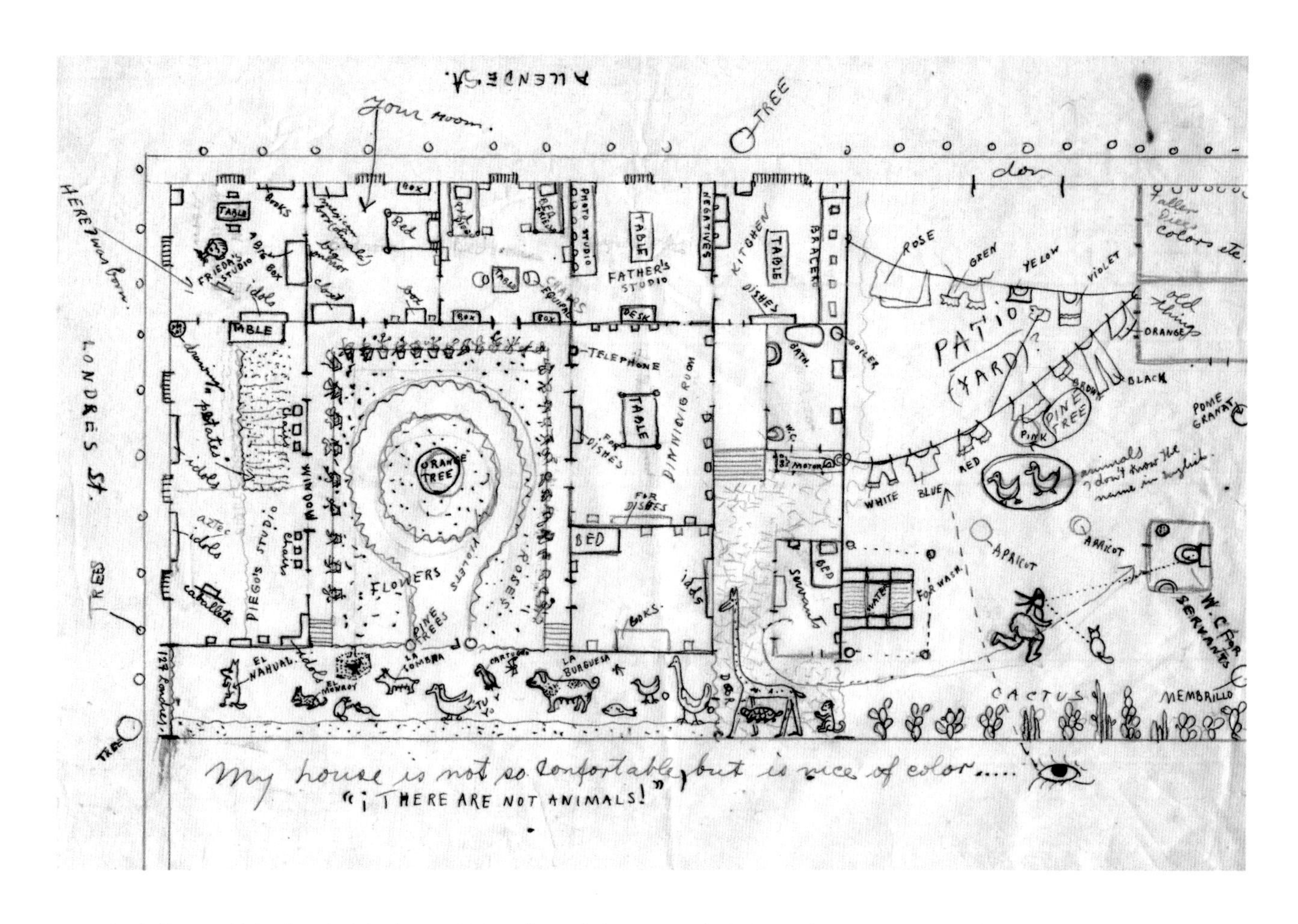

昂·托洛茨基和他的妻子娜塔利亚·谢多娃作为藏身之所，两人当时正在政治流亡途中。弗里达和里维拉为他们改造、加固了房了，并封住了临街的窗户，这座种满仙人掌和多肉植物的院子成了这对受困夫妇的避难天堂。里维拉又买下了隔壁的那块地以确保安全方面万无一失，花园的面积因而也从 200 平方米扩大到了 1000 平方米。新地块的外墙被粉刷成深钴蓝色，从那时起，它一直被称为蓝房子。

回到家乡

弗里达和里维拉的婚姻生活并不一帆风顺。里维拉有很多性伴侣，弗里达也是一样，她还曾和托洛茨基有过一段 6 个月的婚外情。超现实主义的主要倡导者安德烈·布勒东非常欣赏弗里达的作品，里维拉、托洛茨基和布勒东这三对夫妇曾一同结伴环游墨西哥。

1938 年，弗里达在以超现实主义作品闻名的纽约利维画廊举办了画展。办展期间，她与摄影师尼古拉斯·穆莱发展出了婚外情。这或多或少决定了她与里维拉婚姻的命运走向，1939 年，两人终于离婚。当年晚些时候，弗里达去了巴黎，当时的法国政府买下了她的画作《框架》——这是法国政府公共艺术收藏品中，第一幅 20 世纪墨西哥艺术家的作品。但是战争即将临近，她不得不回到墨西哥。此时，托洛茨基一家已搬出蓝房子，住进了附近的另一处房产，弗里达得以住回了她的旧时居所。这一段动荡的个人生活激发了弗里达的创造力，她通过画作抒发并排解了自己的焦虑。

之后弗里达还有一段洛杉矶的疗养之旅，回到墨西哥后，她的医生说服里维拉回来照顾她。随后，这对夫妇于 1940 年 12 月复婚，并达成共识，认为无论作为普通人还是艺术家，二人都应彼此尊重，复合应以此为前提。

上图　弗里达手绘的蓝房子和花园的平面图，充满爱意地详细标注了那里的所有植物和动物。

对页图　基督教的象征符号、墨西哥的民间传说，以及对自然的热爱都融合在这张名为《带着荆棘项链和蜂鸟的自画像》（1940）的画作中。

Frida Kahlo. 40.

蓝房子的花园

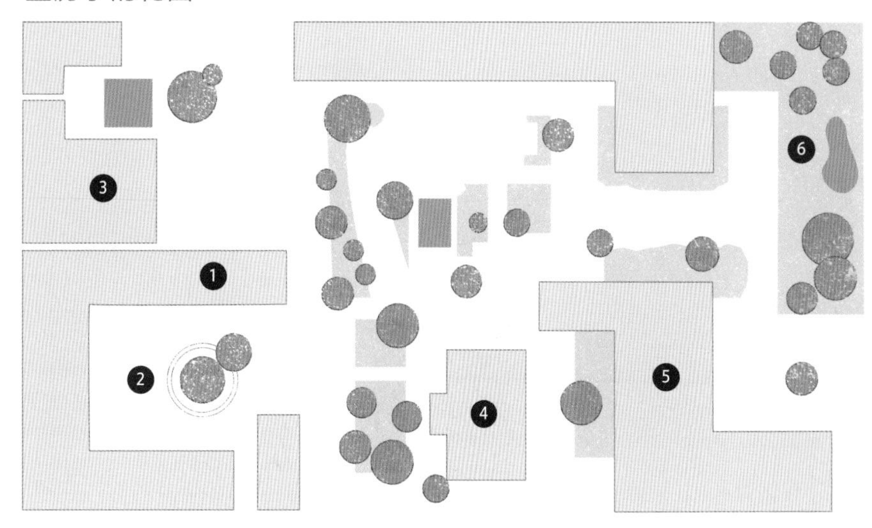

图例

1 原有的房屋

2 种着橙子树的内院

3 工作室

4 金字塔

5 展示空间

6 新花园

“在科约阿坎，我们房子的颜色和这里的墨西哥家具——这一切都对我的绘画有着深深的影响。”

——弗里达·卡罗，1950

花园的复兴

弗里达和里维拉住进了蓝房子，同住的还有里维拉的助理艾米·卢·帕卡德。也正是在这个时期，弗里达绘制出房舍院落的平面图，向即将迁入的艾米·卢展示了这所宅邸的概况。平面图中丰富的细节，充分显示出宅邸和花园对于这位艺术家的特殊意义。最值得注意的是，弗里达还在图中详细标记出庭院里的每一棵植物和树木，其中包括月季、紫罗兰、一株松树以及石榴树、杏树还有榅桲树。

蓝房子的屋舍庭院都位于同一平面，这样弗里达无论拄着拐杖，或是到后来坐着轮椅都能徜徉其间。她和里维拉长时间地待在户外，规划和讨论如何摆放他们那些前西班牙时期的艺术藏品，后来他们将其中一些展示在阶梯式的金字塔上。1937 年之后，蓝房子的花园频频出现在弗里达的画作中：一群群的动物、墙上攀爬着的三角梅和西番莲，还有像龙舌兰、仙人掌和丝兰这样的墨西哥本土植物，都成为她画作中的重要元素。只要有机会，弗里达在为自己绘制的画像中，也会将自己画成穿戴植物花饰，或是被花朵和植物簇拥着的样子。

1946 年，里维拉在蓝房子东边买下了另一块地，由功能主义建筑师胡安·奥戈尔曼设计，建造了一栋现代建筑，这就是现在人们所知的“工作室”。工作室的花园远离人头攒动的热闹庭院，是一处人们可以享受自然、怡然自得的地方。从希特尔火山熔岩带开采的当地火山岩被筑成了一道道矮墙，成为园中植物和艺术品的载体。

对页图 （从左上角起，按顺时针方向）扩建的工作室，1946 年由胡安·奥戈尔曼设计；庭院里浓烈的色彩和本土植物，它们以各种形式出现在弗里达的许多画作中；厨房里仍然保留着弗里达的民间艺术收藏品；许多原有的树木，包括弗里达画中的老松树现在都还存活着；工作室下方的空间展示了更多这对夫妇收藏的民间艺术作品。

埃尔佩德雷加尔农场

1942 年，弗里达决定在科约阿坎南部的埃尔佩德雷加尔给自己买一块乡间土地。当时墨西哥已经加入了第二次世界大战，里维拉和弗里达认为

他们可以务农，实现自给自足。但里维拉对这片岩石遍布、仙人掌丛生的土地还另有想法。他购入了更多的土地，并计划建造一座博物馆以展示他的艺术收藏，后来他为这个博物馆取名阿纳华卡里（那瓦特语“墨西哥山谷之屋”的意思）。他咨询建筑师弗兰克·劳埃德·赖特寻求建议，并与胡安·奥戈尔曼一起设计了这座博物馆，计划建造一座与当地景观融为一体的有机建筑。在接下来的 15 年里，里维拉一直投身于这个项目，直到 1957 年他去世时，项目仍未完工。

与此同时，弗里达正专注于将蓝房子打造成她自己的创意项目，无论是盆栽的多肉，还是挂在树上的兰花，所有的色彩运用都打上了她强烈的个人烙印。她人生的最后几年多为疾病所困扰，但只要身体允许，她仍坚持接待来访者，无论是学艺术的学生、画家、作家，还是她的姐妹、侄子和侄女。她也很欢迎厨师、园丁和护士的孩子们在花园里玩耍。尽管她饱受病痛，与里维拉的关系也很紧张，但蓝房子却真正成了一个幸福的家，一个她愿意与人分享的地方。

如今蓝房子的花园几乎和弗里达与里维拉离开时完全一样——他们的手工制品、装饰品和前西班牙时期的艺术品仍然保留在原来的位置。当然，当时的植物或许枯萎，被新的植物取而代之，但这个空间不拘一格的本质依然保留着；这里依然是一个专注于表现他们共同热爱的墨西哥艺术、文化和历史的空间。

弗里达·卡罗的作品在她有生之年并没有得到广泛的认同，她在墨西哥唯一一次个展是在 1954 年她去世前 3 个月举办的。之后她的声名不断上升，到 21 世纪，她在墨西哥和全世界已经成为偶像级的人物。

蓝房子所藏的弗里达静物画中有一幅描绘的是西瓜，画面色彩艳丽，在去世前不久，47 岁的弗里达在上面写下了“生命万岁”（Viva la vida），她在面对难以承受的痛苦时，依然对自然有着无尽的热情。

左图 两位艺术家将剧场的感觉进一步延伸到花园中，在那里用阶梯状的金字塔展示里维拉收集的前西班牙时期的艺术藏品。

对页图 位于里维拉扩建部分上层的工作室，里面摆满了弗里达的画作和绘画设备。由于她的健康状况欠佳，她的作品着重于描绘色彩充满着生命力的水果、花朵和自然。

弗里达·卡罗大事记

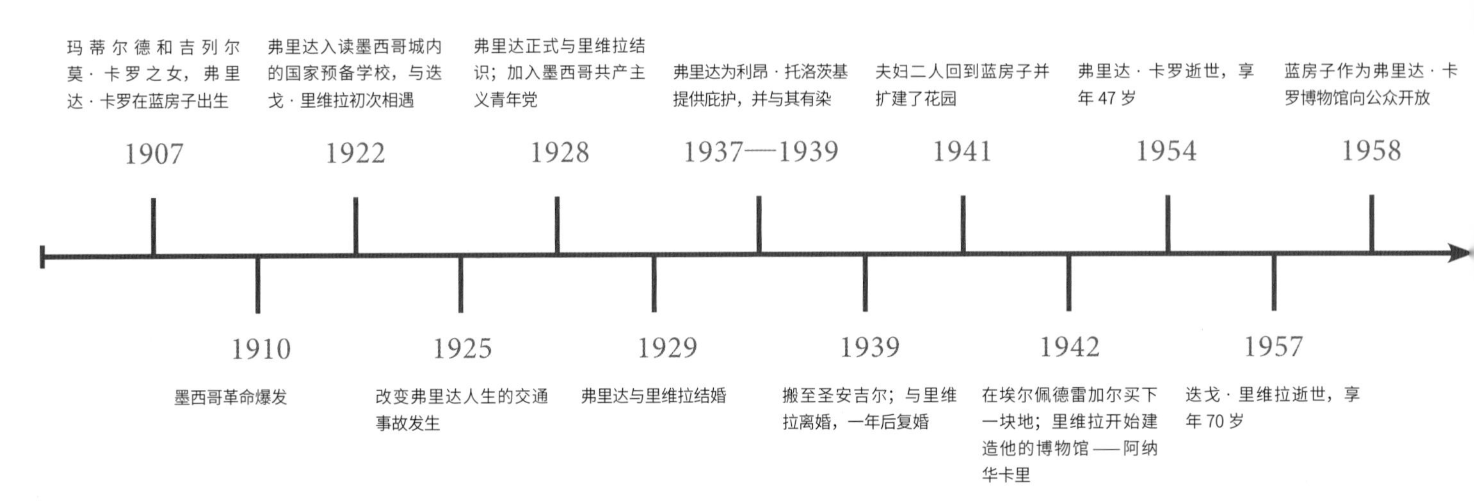

萨尔瓦多·达利

西班牙，李嘉特港和布波

萨尔瓦多·达利是历史上最著名的艺术家之一，但人们却难以定义他属于什么艺术流派。有时人们会将达利归于超现实主义流派，但其实他 20 多岁时就已经脱离了超现实主义运动。达利自称为“天才”，对于像他这样将人生彻头彻尾地艺术化的人来说，可能这个绰号再恰如其分不过了。他是雕塑家，是作家，也是画家，他的作品时而让人震撼，时而令

上图 鸽舍和露台下的萨尔瓦多·达利和他的妻子卡拉，拍摄于他们位于西班牙西北海岸李嘉特港的家中。

右图 达利一点一点地将坐落在这片橄榄林中的传统渔民小屋打造成他在海边的家。

萨尔瓦多·达利
(1904—1989)

从 20 世纪二三十年代的超现实主义运动到 20 世纪六七十年代的波普艺术时代，达利的作品涵盖戏剧、电影、雕塑和装置艺术等多个领域。他在菲格拉斯和马德里学习绘画，并成为一名画家，但很快他的整个人生都成了一件精心编排的艺术品。在家乡菲格拉斯，达利设计并建造了自己的博物馆和剧院，它们后来也成为他为世人留下的恒久艺术遗产。他在李嘉特港的宅邸居住了长达 50 年之久，后来他又迷恋着为妻子卡拉翻修的位于布波的城堡。晚年时他则生活在菲格拉斯自己建造的剧院和博物馆中。1989 年，他被安葬在那里舞台下方单独的陵墓中。

达利在加泰罗尼亚生活期间，创作了许多画作，包括《记忆的永恒》（1931）、《风景中的人物和织物》（1935）、《十字架上的基督》（约 1951）和《卡拉·普拉西迪亚》（1952）。

卡达克斯镇真人大小的达利铜像

人惊讶，时而让人愉悦，时而又令人厌恶，对于受众来说，他的作品所唤起的各种情绪都是相当的。

达利的作品主要集中创作于 20 世纪。他的宅邸位于西班牙的东北角，此地周边的风土人情是他作品的灵感源泉。达利在定义地理区域方面有些自说自话，但这一区域大致是在加泰罗尼亚的上安普尔丹地区，包括他生于斯葬于斯的菲格拉斯；还有他所说的“宇宙中心”李嘉特港；以及他爱妻卡拉的隐居之所布波——当然布波的城堡也是由达利设计改建的。

了解李嘉特港

达利一直认为，要理解他的画作，首先要了解李嘉特港。这里曾是一片渔民作坊的聚集地，离他父亲出生的卡达克斯小镇很近。李嘉特港对这位艺术家来说有着特殊的意义。而由于他的存在，这里对于整个世界也有着特殊的意义。

1930 年，达利在李嘉特港的海滨买下了一栋只有一个房间的小屋；这个破旧漏雨的小棚屋原本是用来储存渔具的。在接下来的 50 年里，他总共购置了 10 间这样的小屋，·间一间地逐步改建，并将其中 6 间改建成他的居所。这些房子随着悬崖地势层层升高。每栋小屋买来时都带有一块地，之前渔民们通常夏天在那里种植蔬菜，冬天采摘橄榄，达利最终将这些地块改造成为一个花园。

达利的妻子卡拉出生于俄国喀山，原名爱莲娜·伊万诺娃·迪亚克诺瓦。她比达利大 10 岁，前夫是诗人保尔·鄂卢亚尔，二人在 1918 年育有一女瑟丽亚。1929 年，卡拉和达利在李嘉特港相遇。在和共同的朋友热内·玛格丽特夫妇等人共同度过了第一个夏天后，二人再也没有分开过。1934 年，这对夫妇按照民间仪式举行了婚礼，1958 年又在天主教教堂里重新举行了宗教仪式的婚礼。

卡拉不仅是达利的缪斯，她实际上还负责着房子和花园的布置。她很喜欢宅邸周围橄榄林中野生的黄色地中海蜡菊。整片宅邸的主色调因而都设置成了黄色。每年五六月份，斯托卡蜡菊正值花期时，卡拉会

在房间里装饰上一碗碗灿烂的花朵。等花朵干枯渐渐褪成浅黄色后，她又将它们编成花环，挂在窗帘的帘头上，让花朵的芬芳弥漫整个房子（也可能是用来驱虫的）。

达利曾多次描述过李嘉特港独特的光线，他还相信住在李嘉特港时，他是西班牙第一个看到太阳升起的人。在这对夫妇的卧室里，左边的床离大海最近，达利调整了一面镜子的角度，这样他就可以先于他人在床上看到太阳从地平线上升起。达利认为这条海岸线上的光线质感极佳，不像地中海其他地方的光线，更近似于荷兰代尔夫特的光线。在他的自传《萨尔瓦多·达利之秘密生活》中，他描述着橄榄树在清晨明亮的光线中显得多么生气勃勃，而到了晚上又如何变成灰蒙蒙的一片死寂。

上图　达利在李嘉特港一间一间地改建、打造居所，而卡拉则用她从花园里采来并晾干的斯托卡蜡菊做成芬芳的花环装饰家具。

对于他来说，白天的花园、大海和橄榄林都洋溢着欢乐，但到了晚上，它们却沉浸在一种怀旧，甚至忧郁的气氛之中。

多变的房间

从李嘉特港达利宅邸的每个房间里都能看到大海，达利给每个房间都起了名字。从熊厅开始，因为里面立着一只高大的毛绒玩具熊，那是作家爱德华·詹姆斯送的礼物。其他的房间还包括鸟屋，因为这间屋子的笼子里养了金丝雀；以及设计得像个海胆、有着数学精度构造的卵形屋。

他将自己的工作室建在整片建筑的一角，工作室的大窗户能让光线从北面和东面照射进来。在这里，他在巨大的画布上作画，画布固定在一个可移动的框架上，方便向上或向下移动，他不需要梯子，坐着就可以在画布的任何部分作画。

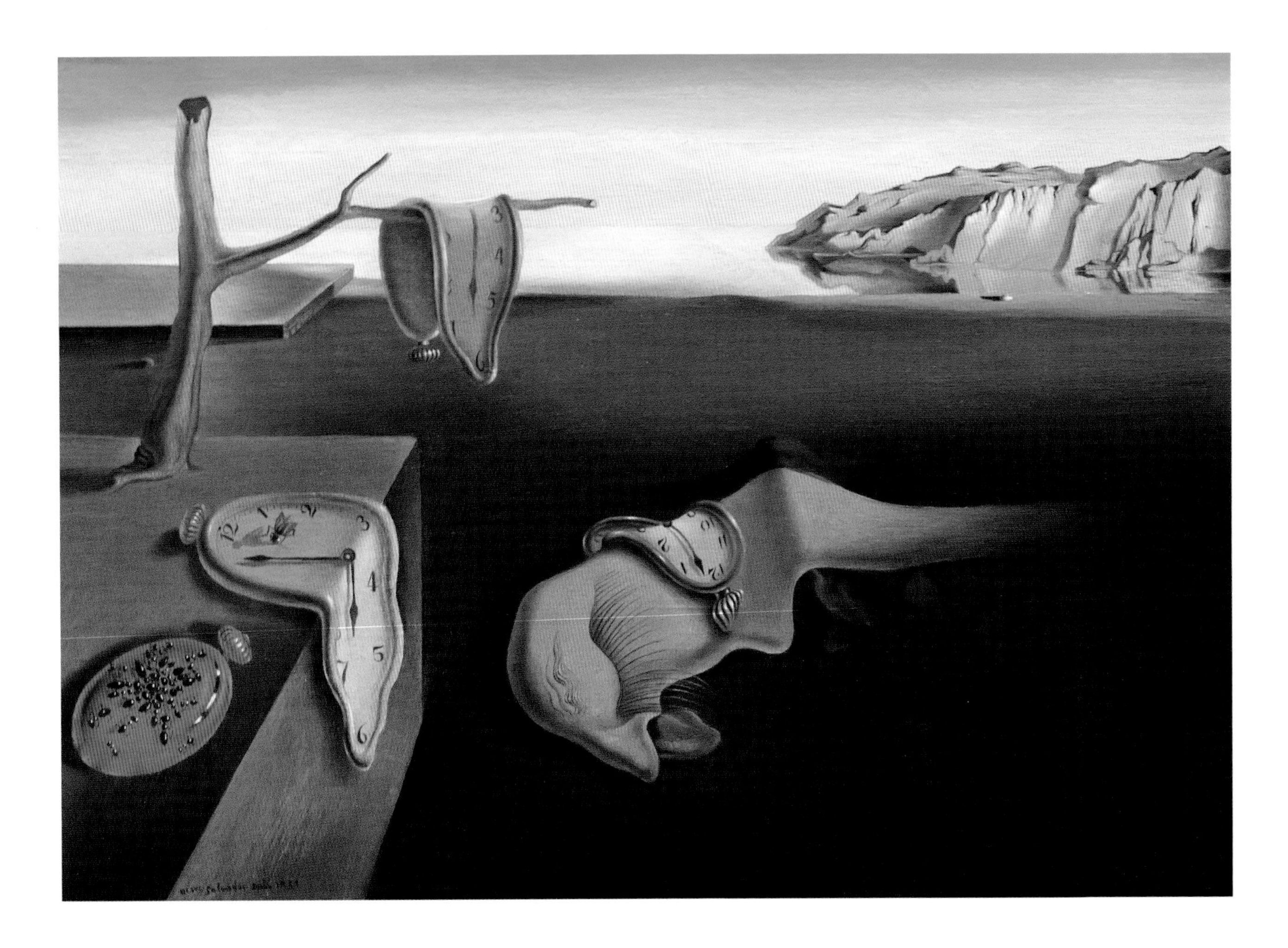

随着达利的国际知名度越来越高，李嘉特港最终不可避免地吸引了越来越多的访客。由于访客们大多需要艰难地翻山越岭才能到达这里，他们很少被拒之门外，但也从未获准进入房屋内部参观。访客中不乏一些名人——比如华特·迪士尼、温莎公爵夫妇（即爱德华八世）和沃利斯·辛普森，但随着时间的推移，访客中严谨的研究人员和学生越来越多，他们感兴趣的是达利的准科学思想。

“我无法与这里的天空、这里的海洋或这里的岩石分离，我的灵魂永永远远与李嘉特港紧紧相系。”

——萨尔瓦多·达利，1976

创作中的艺术家

每年冬天，卡拉和达利都会去纽约和巴黎旅居，4月或5月再回到李嘉特港。在李嘉特港，达利更像是艺术家，或者更具体点说是画家——而不再是一名公众人物。这对夫妇在李嘉特港的家为他们提供了一个可以独处的休憩之所。这里较为偏僻的地理位置提供了艺术创作时所需的私密感，正适合这位艺术家。到了晚上，等到渔夫们离开，这里就成了几乎荒无人烟的所在——即便到如今，可能仍然是这样。

李嘉特港的花园和周边环境对达利的作品有着非常重要的意义，这表现在三个方面。首先，这里的风景可以作为他画作中的真实背景；其次，他可以在户外布置他的艺术品和“偶发艺术”；而至关重要的第三点，是这片土地为他的梦想提供了依托，并成为某种象征，最终激发了他的灵感，

上图 达利1931年的作品《记忆的永恒》中出现了李嘉特港的风景。

对页图 每年春天，李嘉特港的独特光线和水中倒影都会吸引达利从纽约和巴黎回到工作室进行创作。在这里，他又变回自己，而不是公众面前的萨尔瓦多·达利。

李嘉特港的花园

图例

1 露台花园和橄榄林

2 鸽舍

3 茶杯庭院

4 夏季庭院

5 房舍

6 游泳池和神祠

对页图 带有喷泉的游泳池，灵感源自达利参观了格拉纳达的阿尔罕布拉宫，这个游泳池也是花园中最具社交性的空间。客人们往往在傍晚时分到来，卡拉和达利会坐在神祠上，从那里他们可以看到花园里客人们的活动情况。神祠上还有一个白色的喷泉底座和女神戴安娜的雕像。

新的作品源源不断地由此而生。

在李嘉特港的宅邸中，卡拉负责打点日常家务，他们还雇了一名厨师和一名杂工（虽然不是园丁），而达利在创作中技术或体力上有所不足时，则会请当地的建筑工人和工匠帮忙。

户外空间

从 20 世纪 50 年代开始，李嘉特港的花园空间在这对夫妇的生活中开始变得越来越重要。达利没能一次性购入所有的土地，但他前后购置的土地最终也累积到大约 1 公顷，在这片土地的四周围绕着传统的干石墙。

20 世纪 30 年代，这对夫妇来到这里，他们买下小屋时接手的橄榄林已东倒西歪。尽管达利无意当个橄榄农，但他对这里的土壤、石墙、橄榄树甚至昆虫都很着迷，他希望能够保留这里独特的景观，直至未来。除了橄榄林，达利和卡拉还打造了一片新的户外空间。在这个被称为“冬季露台”的地方，艺术家用一堵刷成白色的墙挡住寒风，并在墙上开出一扇矩形的观景窗。加泰罗尼亚人给该地区的风取了很多名字，冬季，来自比利牛斯山脉寒冷猛烈的风特朗塔娜（truntana）是其中最糟糕的一种。这种风能连吹好几天，砸烂花盆、掀掉屋顶上的瓦片，让人产生心理阴影——据说达利父亲移居巴塞罗那就是为了躲避特朗塔娜风。

这对夫妇还设计了夏季庭院，又称“露天庭院”，是个布置着一张石桌和几条长凳的地方，可以从凉爽的室内餐厅进入。这里可能是整片建筑中最美丽的区域：岩石环绕的天然地形极具私密性，而墙壁是用达利自制的配方粉刷的，这种石灰混合着地被龙舌兰的配方让墙壁偏蓝的色调更为显著。随后，他开始打造茶杯庭院，庭院里有巨大的混凝土茶杯和迷宫般的围墙通道。

最后打造的是游泳池和神祠，这也是花园中刻意

打造出的最具戏剧性的空间。达利之前参观过的格拉纳达水上花园，以及20世纪60年代和70年代初的波普艺术运动都为他的设计提供了灵感。

到此时，达利的宅邸已经成为一个文化中心，这个空间正是为他们众多的访客打造的，每晚5点到8点达利夫妇会在这里招待他们。夫妇俩会坐在神祠里，那是一个稍偏向一侧的有顶棚的区域，从那里他们能够清清楚楚地看见整个空间中人群的活动情况。

在达利的指导下，他的建筑师埃米尔·普伊瑙建造了一个1.5米宽的长方形游泳池。为了看起来协调，水池两端做成略宽的半圆。虽然用人字砖勾勒出来的明显是阳具的形状，但建筑师认为达利的意图只是让游泳的人能看到座位区，在座位区那里也能看到游泳池。安装喷水口和照明效果都是为了增强戏剧性，其中喷水口的灵感来自阿尔罕布拉宫的轩尼洛里菲花园。这里还有一个可以用开关控制的大瀑布，打开开关后水会从岩石上一层层地倾泻到水池中——这一奇观只对特别来宾展示。

达利鼓励年轻艺术家来到这里，在户外空间进行艺术创作，并将他们的艺术作品和雕塑加入自己的收藏。他认为收集物品比挑选或摆放它们更重要，因此任由乱七八糟的罐子、雕像和人像堆积在花园的各个角落里。

上图　《李嘉特港的花园》（1968）展示了达利作品更为传统的一面，以及他对家中花朵的欣赏。

对页图　李嘉特港的庭院用达利调配的涂料粉刷成了白色，花盆里种满了白色和粉色的天竺葵，这是达利最喜欢的花之一。

植物、鸟类和昆虫

达利和卡拉在露台花园和天井里种满了对他们来说有重要意义的植物。他们喜欢橄榄林里原有的卡达克斯本地植物：金雀儿、荆豆、熏衣草和蜡菊，并把它们移栽到适合的位置。在庭院里，达利选择了白色的天竺葵、素馨花和他最喜欢的晚香玉。晚香玉是一

种切花花卉，西班牙语叫纳多斯（nardos）。这种植物的球根是制作一种香膏的珍贵原材料，这种香膏就是抹大拉的马利亚（《圣经》中的人物）用来涂抹耶稣脚的香膏；达利在此种植的每种植物要么有什么特殊的缘由，要么就是为了取悦卡拉。

达利在设计花园时也注重声音的效果，尤其是风的声音。他借鉴加泰罗尼亚的传统，用回收砖和赤陶炊具的碎片在屋檐下为岩燕和燕子筑巢。他这么做不是为了吸引候鸟，而是为了听海风从孔隙间穿过产生的呼啸声。

事实上鸟类对达利来说也很重要。1954 年，他在花园里设计了一间鸽舍，用旧的木制干草叉作鸽子的栖架。但他对蟋蟀叫声的嗜好就不那么让人愉快了，他会捉住蟋蟀关进小笼子，悬挂在迷宫、茶杯庭院和鸟屋里。

要想在某个特定的时间点保存一位艺术家的住宅，这事相对还比较容易——这里说的是 1982 年，当卡拉去世、达利永远离开李嘉特港时。可要想把花园定格在某个特定的时间就没那么容易了。达利住在那里时，那里的花园本身就是一件艺术品，也是一个创造艺术的地方。他还精心策划了一些大型的户外项目，比如名为克里斯特 · 德 · 勒斯 · 埃斯科姆布雷里斯的互动艺术作品，由年轻的艺术家和学生参与，用他们在海滩上找到的物品，比如轮胎、铁器和木船的碎片打造而成。

现在的花园可能比达利和卡拉住在那里时更为整洁有序，橄榄林的围墙修葺一新，而达利从来没有打算过这么做。但在庭院里，他喜爱的白色天竺葵依然在茁壮成长——有时这些天竺葵看起来稍稍带些粉色调，那是蜜蜂异花授粉造成的。达利在李嘉特港的影响力无处不在，在那里他似乎一直受到人们的敬仰和爱戴，即便人们并不总能理解他。

布波城堡

卡拉是所谓达利三角的关键所在，达利三角是由菲格拉斯、李嘉特港和布波三处连线而形成的三角形地区。尽管李嘉特港一直是这对夫妇的居所，1969 年，达利在中世纪村庄布波的教堂旁边发现了一座 11—15 世纪的城堡，他买下这座部分已成废墟的城堡，送给了卡拉。这座城堡延续了他们之间感人却怪异的关系：达利把城堡送给卡拉，她虽然接受了，却要求达利永远不去那里拜访她，除非收到她手写的邀请——典型的中世纪骑士精神。达利翻修了这座城堡，只供卡拉一人使用，而她会在没有达利陪伴的情况下在那里长时间居留。

卡拉·达利城堡是这位艺术家创作的一个里程碑。之前的李嘉特港主要作为私人空间，几十年来零零碎碎地改建，并且还在不断建设中。而布波城堡的花园却不一样，它是达利为一位特殊客户——他的妻子卡拉设计的，不到一年就完成了规划和建设。

城堡庭院原有的道路和花坛由 19 世纪布波的领主建造。在尊重原有结构的基础上，达利设计了一个意大利花园。他的设计明显受到了意大利博马尔佐圣心森林的影响。他曾在 1948 年参观过圣心森林，那里的每个角落中都藏着惊喜，由树木打造出的神秘氛围和阴谋气味令人着迷。达利想要打造一些类似的效果——例如，在通往布波维纳斯雕像的小径两侧种上树木，树木种植的间隔逐渐缩小，营造出小径比实际更狭长的视觉假象。当然，为了取悦卡拉，他最初在庭院里种下的植物完全是浪漫的地中海风格，如花卉、夹竹桃、无花果和小果树。卡拉希望花园能让她想起小时候在克里米亚度过的夏天，所以达利还种了月季和烟草，为花园带来芬芳。不过他也总是考虑得很长远，种下了月桂、柏树和梧桐树，这些树会长得很高，树荫将笼罩着鲜花，营造出更令人着迷、更符合他对城堡设想的氛围。布波将会是他的“圣心森林”。

这座城堡是达利创意生活的延续，也是李嘉特港的延展。但如他所说，这里是他更为庄重地对卡拉表达爱意的地方。卡拉去世之后安葬在城堡的地下墓室中，达利也搬到城堡中陪伴她，每天都在她的墓碑前献上鲜花，这个传统一直延续到今天。他的最后一幅作品《燕子的尾巴——突变系列》（约 1983）也是在这里完成的。

布波的卡拉·达利城堡现在变成了达利博物馆——这可能是他和卡拉的初衷，但也未必。达利当年种下的树木现在如他所愿，已经蔚然成荫。在这片常绿树木的幽影之中，有一条由白色茉莉花和月季形成的隧道，散发着馥郁的芬芳，这是那个女人所爱的香气，达利之所以为达利，正是因为她的存在。

右上图　1969 年，达利在布波买下了一座中世纪的城堡，以表示他对卡拉的爱，并在那里为她设计了一座花园。

右下图　卡拉·达利城堡的游泳池是达利对意大利博马尔佐圣心森林致意的设计之一。

达利大事记

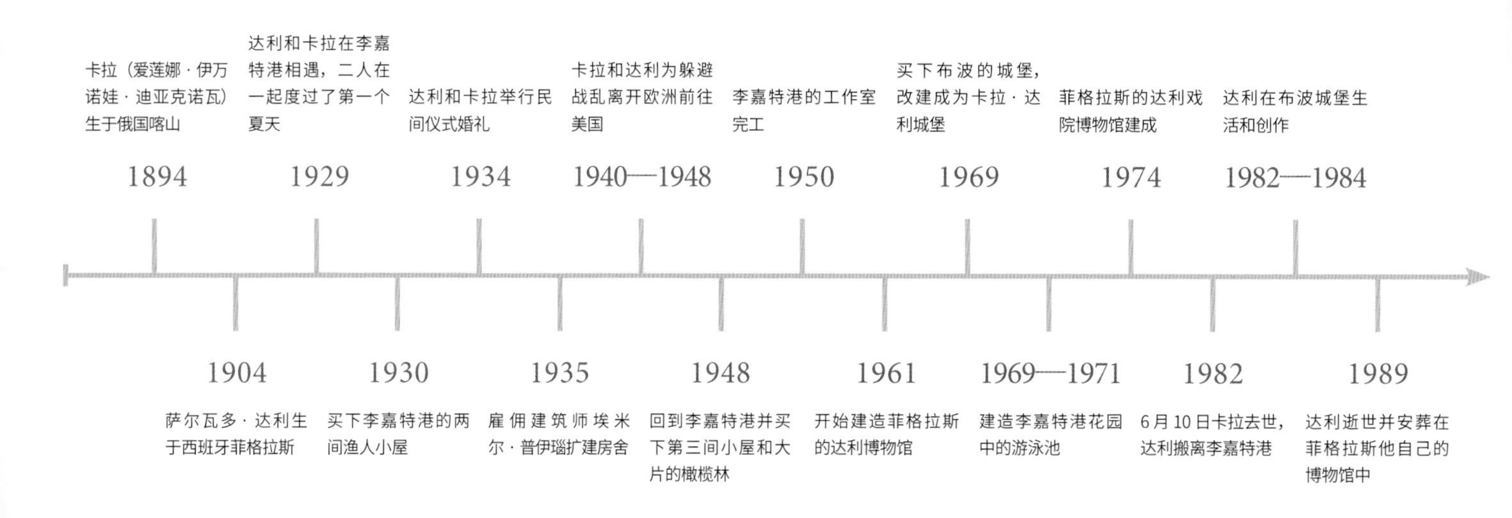

艺术家团体

莫奈和他的朋友们

克劳德·莫奈，贝尔特·莫里索、古斯塔夫·卡耶博特、皮埃尔·博纳尔及塞纳河画家们

法国，阿让特伊、韦特伊和吉维尼

被世人称为“印象主义”的这个艺术流派，在19世纪末和20世纪初风靡了法国乃至全球。它打破了基于室内作画的所有艺术陈规，其中克劳德·莫奈更是无可争议的大师。今天，我们能把艺术和花园放在同一语境中讨论，很大程度上要归功于莫奈，是他把花园置于自己艺术创作的中心。诚然，许多印象主义画家钟爱公园、菜园、月季花园、乡郊花园等创作题材，但克劳德·莫奈却痴迷于造园，他在吉维尼打造的自家花园是他为世人留下的宝贵财富。

上图　约翰·辛格·萨金特于1885年来访吉维尼并创作出《在树林边绘画的克劳德·莫奈》，作品描绘了莫奈工作中的一幕，他身旁是以后将会成为莫奈妻子的艾丽斯·奥修德。

左图　姨妈在法国北部海岸的房子出现在克劳德·莫奈早期的花园绘画中：《圣阿德雷斯的花园》（1867）。

克劳德·莫奈
(1840—1926)

阿让特伊(1871—1878)

韦特伊(1879—1882)

吉维尼(1883—1926)

莫奈是印象主义艺术运动中最出名的艺术家,甚至可以说是世上最负盛名的艺术家。正是他那幅于1874年展出的《日出印象》让“印象主义”这个标签诞生,虽然最初那只是一种讽刺的说法。莫奈人生的每个时段、每一处住所都标志着他作画风格的一个新时期,他最早居住在阿让特伊,之后是韦特伊,最后是吉维尼。他与艾丽斯·奥修德在吉维尼一同生活,一同居住的还有他自己的2个儿子,以及艾丽斯在和欧内斯特·奥修德的前一段婚姻中所生的6个孩子。欧内斯特于1892年去世后,莫奈与艾丽斯结了婚。在吉维尼时,莫奈笔下诞生了数百张风景画,其中包括著名的干草垛和睡莲系列。晚年,他专注于以花园及水景为主题进行创作,创作了100幅以上的作品。

时年49岁的莫奈,由西奥多·罗宾逊拍摄于吉维尼

户外作画

如果追溯印象主义画家钟情于花园的开端,那可比吉维尼时期要早得多。在莫奈定居诺曼底之前,他和同侪们就已经开始以自己、密友或者邻居的花园为题材进行创作。

贝尔特·莫里索当时已经开始描绘巴黎城中的各式公园,1884年时他还以自己位于布吉瓦尔的宅邸所带的花园(布吉瓦尔位于吉维尼东边不远处)为题材,创作出《布吉瓦尔的花园》。雷诺阿在蒙马特画室后有一块几近荒野的空地,他把它当作一个实验性的户外画室来进行创作,而在1880年,爱德华·马奈以自己在贝尔维尤的度夏别墅里的花园为主题创作了《贝尔维尤的花园》。同一时期,毕沙罗以瓦兹河沿岸蓬图瓦兹的花园为题材创作了许多风景画,他在那个小镇居住了17年。而毕沙罗坐落于波图瓦河岸上的房子成了高更笔下的创作主题,诞生出那幅1881年的名作。

艺术家们所见略同,因为他们都确信户外作画能带来自由。他们认为,艺术家应该把自己的感受和情绪灌注到风景中去,而不仅仅是在画布上精确地重现场景。印象主义画家们定期碰头,在花园中,他们不单对着同一场景创作,还会以彼此为主题作画。其中包括古斯塔夫·卡耶博特,他父母在位于巴黎东南方的耶尔拥有一处带花园的房产。而到了1881年,他自己在塞纳河沿岸的热讷维耶市西北岸也买了一栋房子,并打造了属于自己的花园。

莫奈早期的花园

对于莫奈来说,创作中越来越离不开各式各样的花卉。起初,他会从姨妈位于勒阿弗尔附近的花园中采集鲜花,此处的海岸景观也成了他早期作品的主题之一,如《圣阿德雷斯的露台》(1867),画面前景中鲜艳的红色旱金莲、唐菖蒲和天竺葵,抢去了后方海景的不少风头。

1873年时,莫奈和第一任妻子卡米耶·冬西厄住在塞纳河沿岸的阿让特伊,莫奈在他们租住的“奥布

左图 贝尔特·莫里索1884年创作的《布吉瓦尔的花园》。他的画作与莫奈、毕沙罗和德加的作品一同在1874年的首次印象主义画展上亮相。

下图 古斯塔夫·卡耶博特的《热讷维耶花园中的月季》(约1866)，卡耶博特是莫奈极为亲密的园艺好友之一。

上图 雷诺阿的《在阿让特伊花园中绘画的克劳德·莫奈》（1873），这是莫奈拥有的三个花园中的第一个。

下图 马奈所作的《阿让特伊花园中的莫奈一家》（1874）画中人物是莫奈、卡米耶和儿子让。马奈在塞纳河对岸的热讷维耶度夏时，曾过来探访他们一家。

对页图 在卡米耶·莫奈于1879年去世后，莫奈忘情投身于创作，这是他在1881年以韦特伊花园中二人的儿子为题材的习作。

里之家”打造了一个花园，这个花园后来成为他两幅画作的主题。在《画家的阿让特伊之家》中，主角是充满异国风情的开红色花的昙花属植物，而《画家的阿让特伊花园》则展示了鲜艳夺目的大丽花。他的朋友雷诺阿和马奈，也争相以莫奈遍地鲜花的花园和他的家人为题材作画。

这个时期的莫奈绝对称不上成功。1879 年，39 岁的他搬到了韦特伊村，与朋友欧内斯特·奥修德分担每年 600 法郎的房租，住在一栋小房子里。莫奈的妻子卡米耶在搬家时已经抱恙，这处房子仅勉强住得下两家人：艾丽斯和欧内斯特·奥修德有 6 个孩子，莫奈和卡米耶有 2 个孩子。莫奈被塞纳河河岸一带的风光深深吸引，因为房子里地方不够大，他平时会在户外作画，并把颜料和画架存放在他用作工作室的小驳船里。他每次都会很快画完，因为妻子生病让他感到非常绝望和沮丧。在搬进新家后几个月，卡米耶便去世了，时年 32 岁。

卡米耶去世后，莫奈废寝忘食地工作，在韦特伊居住的 3 年间，他完成了 200 多张画作。同时他也注意到屋前花园蕴含的潜力，这个花园地势朝下，阶梯式的园地紧挨着河岸。在卡米耶去世一年后，也就是 1881 年，《现代生活》周刊的记者前来采访莫奈，他这样形容这个花园：“穿过木门走入花园，在苹果树和梨树中拾级而下，两侧阶梯式的园地中种满了给孩子们吃的蔬菜以及各种鲜花，向日葵开得尤为灿烂。”当问到画室在哪儿时，莫奈朝天空和花园下方河岸处停泊的小船挥了挥手。

莫奈以韦特伊花园为主题创作了至少 5 张习作，这标志着他创作的一个新阶段就此到来。他开始创作同一场景的系列画作，比如被向日葵围绕着的阶梯，同系列中的每幅画都是一种新的艺术探索。画作中的人物变得越发无关紧要，他在这里画的最后一张花园作品里，两个儿子小小的身影几乎要消失不见，在此之后，莫奈的画作中不再出现人物。他的个人生活也发生了变化：艾丽斯·奥修德接过了照顾孩子们的日常工作，莫奈和她渐渐产生了感情。欧内斯特·奥修德回巴黎之后，一个“莫奈-奥修德”式的新家庭开始成形，而莫奈也开始到处物色房子，作为他、艾丽斯、儿子让和米歇尔，还有艾丽斯那 6 个孩子的新家。

吉维尼花园

1883 年，莫奈在吉维尼找到了理想的房子。他搬进了这个粉红色外墙、被称为“榨汁厂房”的长条形屋子，此后不久他就向自己的艺术经纪人借钱，把房子完全买下。他立即着手在屋前朝南被称为“诺曼底园”的坡地花园里种植花草，方便日后在此创作。这里的前身是个食材花园，他移除了其中的老果树，种下樱花树及苹果树以供春天赏花，同时，他和艾丽斯都觉得用作围边的黄杨结构感过强，一并移除了。莫奈设计了适应四季变化的栽种方案，让园中全年都充满色彩。在这个过程中，他的园艺知识也日渐丰富，他收集了大量的园艺书籍，尤其是与他最爱的鸢尾和大丽花相关的书籍。

莫奈的主要设计理念是以色彩区块的方式布置花

“我的花园就是我最美的杰作。我喜欢整日置身园中，满含爱意进行创作。我最需要的，永远是鲜花。”

——克劳德·莫奈，1891

上图　吉维尼诺曼底园中的莫奈，拍摄于1905年。

对页图　（从左上角起，按顺时针方向）从屋中俯视诺曼底园；月季与芍药是莫奈最爱的两种花卉；春天时的颜料盒花坛；规整的网格状小径之间是一片片浅紫郁金香、三色堇和勿忘我；莫奈一见钟情的这栋粉色墙壁、绿色护窗板的房子；主道上的拱架主要供月季攀缘生长，旱金莲肆意蔓延，几乎铺满了小径。

卉，他在花坛的边缘也种上了花，而不像传统的做法那样以灌木作为镶边。他钟情于高大的植物，如罂粟花、唐菖蒲、紫菀和高茎秆大丽花，每一种都能在不同的季节里大放光彩。为了避免花园显得过于规整，他在花境中架设了攀爬架，让绣球藤和月季无拘无束地攀缘生长。

有意思的是，在打造完花园后，莫奈并没有马上以花园为主题进行创作。最早的那些画创作于1887年前后，是以这里的芍药花园为主题的，那时他搬到吉维尼已有近4年了。在此期间，他主要以周边的风景为创作题材。这之后再过了6年，莫奈才专注于以自己的花园作为主题进行创作。

诺曼底园

屋子边上的那片花园叫诺曼底园，它给了莫奈提升色彩运用造诣的机会。一条主道从屋门通往公路，两边的花坛中种满了植物，对于莫奈来说，它们无论在创作中还是生活里都至关重要。他还在诺曼底园栽种了自己住在阿让特伊时爱上的鸢尾和大丽花。但这个花园蕴含的潜力不止如此，通过栽种园艺品种更为丰富的植物，莫奈得以打造出一个充满活力、令人叹为观止的花园。

无论过去还是现在，这个花园在设计理念上有一点从未改变，就是希望尽可能地延长园子的赏花季。这场色彩盛宴以春天从鳞茎里长出的洋水

吉维尼花园

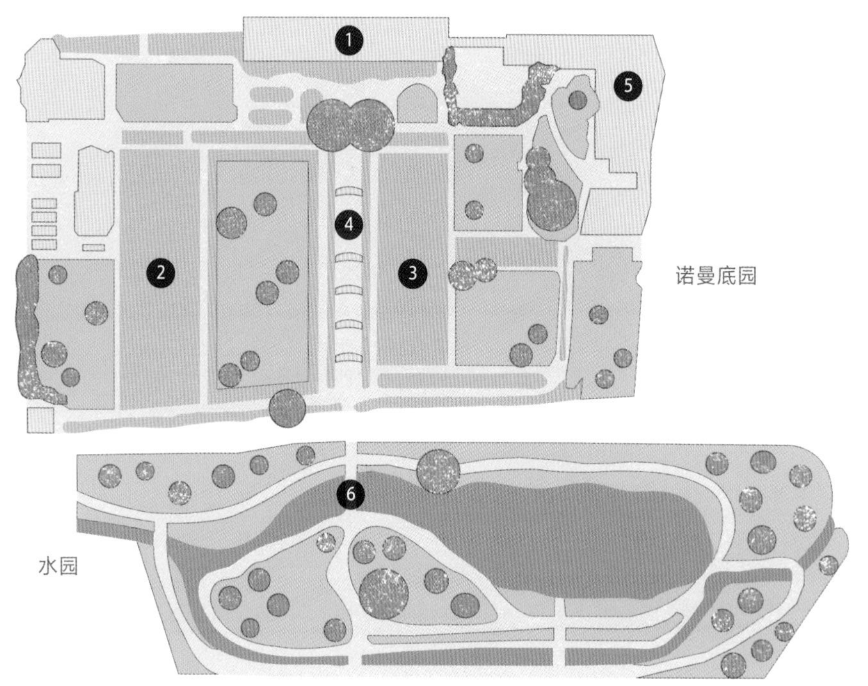

图例

1 房子

2 颜料盒花坛

3 颜料盒花坛

4 主道

5 睡莲画室

6 日式拱桥

右图 《莲池》(1899)，莫奈为水景花园创作了不少画作，这是其中一张。这时桥上还未被紫藤覆盖，莫奈后来才种了紫藤。

仙为开端，伴以缤纷的报春花，随后有姹紫嫣红的各色郁金香，它们从鸢尾新冒出的剑形叶丛中穿插而出。这里的鸢尾品种包括“德雅泽”和“我的人生”，购自享负盛名的卡约鸢尾苗圃。莫奈一直着眼于色彩，他发现在半遮阴环境下蓝色有髯鸢尾的保色效果更好，于是把它们种到了果园树下。蓝色鸢尾入侵性略强，所以对于它们，莫奈或者选择单种，或者与不够挺拔的多年生植物混植在一起，把它们用作区域的镶边。

到了夏天，莫奈会放任多年生植物在园中肆意生长，尤其是他钟爱的那些植物，如芍药和罂粟属的植物。相比花型硕大的品种，他觉得简单的开红花的虞美人更美，如果是淡柔粉色的品种，他更喜爱华丽的罂粟花，这一品种在主道边的颜料盒花坛里就栽种了许多。莫奈栽种芍药来呼应攀缘月季“保罗的猩红”的花色，后者是英国人阿瑟·保罗于1916年培育出的品种，而白色和黄色的单瓣月季，比如“美人鱼”则为花园带来了夺目的高光点。莫奈还收集了一系列蔷薇、月季，它们均购自爱丁堡的一个苗圃。

“颜料盒花坛”得名于它的种植手法：划分出一块块区域，每块只种植一种花卉，这些区域同时为室内提供瓶插用的切花。通常在每块花坛中，莫奈只栽种一个品种某种花色的植物，但偶尔也会把同一品种两种花色混植在一起。

水景花园

1893年，在聘用了一名全职园丁后，莫奈向当地政府机构申请引流埃普特河，在自己花园地势较低处建一个水景花园。虽然有人提出反对，最终他还是获得了引流造池的许可，并在接下来几年间将水池扩建了好几次。在1889年的巴黎世博会上，莫奈看到来自洛特寺的拉图尔－马利列克苗圃展出的睡莲，他很快就下了订单，并将第一批购入的睡莲种入池中。这仅仅是一个开始，之后睡莲便成为莫奈在园艺和创作上痴迷的对象，这种痴迷将持续他的一生。

水景花园呈现出与诺曼底园截然不同的氛围。园中扑面而来的是东方风情，莫奈更在1895年建了一座日式拱桥，其灵感源于他挂在房中的一系列日本木

版画。拱桥设计简洁，刷的是绿漆而非传统的朱红漆，莫奈还刻意让它隐约地被周边植物所遮挡，尤其是池边那棵高大的垂柳。后来莫奈在桥上搭了一个棚架，牵引白色和淡紫色的紫藤在上面攀爬生长。池塘四周有竹子、牡丹、槭树，池边则是杜鹃花、蕨类以及绣球，它们无一不呼应着此处的东方主题。

睡莲

睡莲不适合在湍流环境生长，拥有静水水池的莫奈对睡莲的狂热一发不可收拾。他开始大力收集各种品种，其中有一些至今依然极为繁盛。拉图尔-马利列克苗圃提供了不少耐寒品种，包括"威廉·福尔克纳"、"阿特罗普尔普拉亚"，以及"詹姆斯·布赖登"，莫奈还订购了一些不耐寒的品种，比如黄睡莲，据说他还在温室里种了蓝花的开普睡莲。

时至今日，水园的维护工作仍和莫奈在世时一样每天进行着。园丁利用小船，徒手去除水中各式残渣和水生杂草。莫奈认为水园必不可少的特点在于倒影，所以他特别注意不让睡莲和其他水生植物占据过多水面。他在池边种植灌木月季、绣线菊和大丛的翠雀，这些花朵会在水面上投下彩色的倒影，对水园的整体效果而言，其重要性甚至不亚于睡莲。

1902 年，莫奈雇人在园中建了个面积更大的新画室，开始睡莲系列的创作。不同于园中鲜明的景色，这个时期莫奈的手法逐渐变得更为微妙，他并不直接描绘眼前所见，而是从记忆中提取出画面，在画面上把玩光影与色彩。这样产生的 48 幅帆布油画，曾以"大装饰画"的主题于 1908 年在巴黎展出，它们对美术、音乐、文学界都产生了深远影响。作家马塞尔·普鲁斯特看完后深受触动，在《追忆似水年华》第一卷中，写下了他那段描写水园的著名文字。

在莫奈接下来的人生中，吉维尼花园，尤其是水园，成为驱动他艺术蜕变的源泉。画作画幅越来越大之余，画中内容也不再拘泥于园中的实际视角。可以说，这些让莫奈跻身全球最著名画家的作品，已经超越了自己的诞生之地——吉维尼花园本身。

莫奈的朋友圈

莫奈天性内向，创作时不乐意被人打扰，除非来访者是熟客。他的朋友包括雷诺阿（参见第 50 页），他俩曾在巴黎共用过一个画室，还有贝尔特·莫里索，她后来嫁给了马奈的哥哥。最受他欢迎的访客是能和他畅谈园艺的人，比如艺术评论人、作家奥克塔夫·米尔博，后者不单培育出了全新的菊花品种，还拿其中一些品种和莫奈的大丽花品种做交换。米尔博还将莫奈带入了兰花的新世界，这是个花费不菲的爱好，幸而莫奈当时的作品在法国和美国行情大好，经济上不成问题。

莫奈的另一位好友古斯塔夫·卡耶博特和莫奈一样，也是大家眼中学识渊博的园艺爱好者，不同的是卡耶博特从未为金钱发过愁，他出生于一个富裕的巴黎家庭，父母在位于巴黎西南边的耶尔有一处乡间房产。1888 年，卡耶博特在塞纳河沿岸的热纳维耶市西北岸定居，并打造了一个花园。他听从莫奈的意见，建了一间温室，花园对于他既是个人兴趣，也是创作

的需要。遗憾的是卡耶博特英年早逝，45 岁时便在自己花园中倒下了。莫奈相信，如果卡耶博特能活下来，会是他们这群画家中最有名的那一个。

当另一位画家朋友皮埃尔·博纳尔搬到临近的韦尔农涅时，莫奈邀他来家中做客以示欢迎，同行的还有后印象主义画家爱德华·维亚尔、塞尚（参见第 38 页）和马蒂斯。勃纳尔那所房子有个外号叫“我的大篷车”，地块周边的自然风貌芜杂，他也以此为题材创作了好几幅作品。当时的莫奈身着粗花呢乡绅式套装，愉悦地带着这帮日渐成名的画家在自己花园中四处参观。

右图　皮埃尔·博纳尔的家离莫奈家仅几英里，他创作的《韦尔农涅的露台》（1920）展现了自家花园的茂盛。

上图　西奥多·罗宾逊的作品《从吉维尼山丘上俯视塞纳河岸》（1892），他是吉维尼美国艺术社团的一员。

吉维尼的美国艺术社团

1886 年，莫奈的艺术经纪人保罗·杜兰-鲁埃尔把他和其他几个印象主义画家的作品带去了纽约，这种艺术风格在当时的欧洲尚未被接受，却在纽约掀起了一股热潮。一些冲劲十足的美国画家，如约翰·莱斯利·布雷克、约翰·辛格·萨金特、威拉德·梅特卡夫、西奥多·罗宾逊、玛丽·卡萨特、威廉·梅里特·切斯等人，被这种意境所吸引，相信自己在塞纳河沿岸一带能觅得这种乡村田园诗般的感觉。很多人留下来住了几十年，包括弗雷德里克·麦克莫尼和妻子玛丽·费尔柴尔德·麦克莫尼斯，二人是“吉维尼美国艺术社团”公认的领袖。

画家们争相以塞纳河、花园、干草堆为主题创作，希望自己能描绘出最出色的作品，当地的鲍迪咖啡厅还在花园里建了个大画室，方便画家们在雨天创作。只是莫奈性格一向冷淡，他并不轻易教授他人或指点画作，但今天的学术界相信，曾陪同莫奈在塞纳河周边以同一风景创作的布雷克，可能是莫奈为数不多的非正式学徒。

后莫奈时代的吉维尼

在莫奈的家庭成员中，只有继女布兰奇·奥修德-莫奈从事艺术创作，她曾跟随莫奈一同到花园和野外作画。布兰奇后来曾爱上过约翰·莱斯利·布雷克，19 世纪末和 20 世纪初聚集在吉维尼的美国艺术社团中，布雷克是领头人之一。但莫奈并不认可布兰奇的这段关系，这段短暂的恋情最终无疾而终，1897 年，布兰奇嫁给了莫奈的亲生儿子让。

布兰奇的创作虽然为人所称道，但当母亲艾丽斯在 1911 年去世后，她不得不开始持家，创作也就此搁置了，她丈夫让 1914 年与世长辞之后更是如此。此后她一直住在吉维尼，照料花园及莫奈留下的产业，一直到 1947 年。此后，这片占地 20 000 平方米的园地（其中约 10 000 平方米为花园，另 10 000 平方米为水园）便踏上了缓慢的衰败之路。直到 19 世纪 70 年代，为了能重新向访客开放，花园在吉尔伯·瓦依主持下开始进行修复，并最终在 1980 年正式盛大重开。

现在，越来越多的访客蜂拥至这个虽然不大却设计得颇为复杂的花园。这里从 3 月底开放至 11 月初，和莫奈在世时一样，园中各式植物花开不断，从 4 月的郁金香和满树繁花，过渡到夏季的月季、旱金莲，然后有大丽花、紫菀带出璀璨的高潮，最后是金光菊，一直盛放至观赏季的结束。一直以来，花园的重心都在于重现莫奈的理念，同时每年进行评估、维护与补种植物，确保不管在哪个月，游客来访时都能观赏到生机勃勃的景象。

要达到这样的要求并不容易，如今园中有 11 名常驻园丁，日复一日地做着极为繁复的植物维护翻新工作。莫奈当年并不需要如此繁重的维护，毕竟当时园中的风貌更富野趣，但无论如何，吉维尼花园的灵魂依旧。莫奈将鸢尾、芍药、郁金香、罂粟花均按区域整块地进行栽种，而非零零星星地到处散布，这种种植方式不但被保留了下来，还收获了不少追随者。吉维尼并非一成不变，时至今日，园丁团队还在不断

左图　莫奈的画作《吉维尼树林中》（1887）描绘了两个继女的形象，其中画架前的是布兰奇·奥修德。她后来成了一名出色的画家，经常与自己的继父一同创作。

右图　吉维尼池塘中的这些睡莲，是莫奈最后一系列画作的题材。

莫奈大事记

1840	1845	1862	1870	1870—1871	1871	1872	1874
奥斯卡-克劳德·莫奈于巴黎出生	莫奈随家人搬到法国的诺曼底地区	在巴黎师从夏尔·格莱尔，与雷诺阿、塞尚、德加和弗雷德瑞克·巴吉尔成为朋友	在巴黎与卡米耶·冬西厄结婚	莫奈在英国观赏了康斯太勃尔和透纳的作品，并遇到卡米耶·毕沙罗	搬至法国阿让特伊，在此居住到 1878 年	创作《日出印象》，“印象主义”之名便出自该作	在巴黎举办第一次印象主义作品画展

更新着栽种方案，当然前提还是要保持住莫奈风格的精髓——摒弃重瓣的花朵，不种观赏草，不做激进的变动，只在每季进行温和的改良，尝试几笔不一样的“笔触”。

1878	1883	1892	1893	1897	1911	1916	1926
搬到韦特伊与奥修德一家同住；卡米耶·莫奈去世	搬到吉维尼	莫奈与艾丽斯·奥修德结婚	开始打造水景园	开始创作睡莲系列画作，此后他的余生都执着于这一题材	艾丽斯去世；儿子让·莫奈在三年后去世	开始创作大画幅的睡莲系列画作，包括全景画与三联画	莫奈死于肺癌，享年86岁

斯卡恩的画家们

安娜·安克和迈克尔·安克夫妇，劳里茨·图森，玛丽·特里普克·柯罗耶和佩德·瑟夫林·柯罗耶夫妇，维果·约翰森

丹麦，北日德兰半岛

丹麦北部广阔的天空、连绵的沙丘以及空旷的海岸，一直都是画家们创作的灵感源泉。19世纪的后几十年里，这里原始的自然风光吸引了一批年轻的艺术家，他们觉得丹麦皇家美术学院的传统风格禁锢了自己的艺术表现，希望能打破传统，挣脱束缚。当时一场名为“印象主义”的开创性运动正在法国盛行，这场运动得名于莫奈在1874年绘制的油画《日出印象》。听闻这个消息的他们决定选择斯卡恩，一个位于日德兰半岛最北端的小渔村，作为他们“叛乱”的据点。每年夏天，他们都会来到这里，在邦德慕斯酒店附近的小屋和花园聚会。而当时他们所排斥的美术学院里

上图 斯卡恩的画家们在安克家的花园里聚餐。中间右侧是安娜·安克，她的对面是佩德·瑟夫林·柯罗耶。

左图 从1891到1894年的三个夏天，画家玛丽和佩德·瑟夫林·柯罗耶夫妇都会在斯卡恩租下本德森夫人的小屋。柯罗耶为玛丽所作的最著名的一幅肖像画——《玫瑰》(1892)就创作于此。画中，玛丽的小狗趴在她脚边，而右前方栽种着的是“阿尔巴·马克西姆”(一种灌木月季)。

“来到斯卡恩，你就像是在一个未遭破坏的奇特世界里游荡。”

——迈克尔·安克，1910

上图 《斯卡恩南部海滩上的夏夜》(1893)，佩德·瑟夫林·柯罗耶绘。画中的两位女子是作者的妻子玛丽·特里普克·柯罗耶，及其朋友安娜·安克。

右图 《花园里》(约1893)佩德·瑟夫林·柯罗耶绘。画中描绘的很可能是本德森夫人的花园。

对页图 《从田野归来的安娜·安克》(1902)，出自安娜的丈夫迈克尔·安克之手。

的传统教学，仍延续着马丁努斯·罗比的写实主义风格。

马丁努斯·罗比是19世纪中期丹麦最著名的画家。事实上，在19世纪30年代，正是他第一个发现了斯卡恩。那时从哥本哈根到斯卡恩不仅要跨越汪洋，还要骑马穿过坑坑洼洼的荒野沙地。腓特烈港到斯卡恩的公路于19世纪50年代建成，1890年这里的铁路也开通了，这座传统的海滨村庄至此终于完全开放，成为一个全新的创意社区。

创始成员

年轻画家喜爱这片沙地的原因显而易见，这里连绵的沙丘、开阔的空地以及透彻的阳光，如今仍然吸引着人们从欧洲各地来到这里，寻求更为简单的生活方式。大部分的早期访客居住在出租屋、海边的窝棚，或者最简陋的客房里，他们和聚集在斯卡恩的作家、诗人、音乐家以及其他艺术家一起，享受着这种并不昂贵的旅居生活。

在斯卡恩，尤其在户外，艺术家们可以尝试各种不同的绘画技巧和工作方式。尽管从笔触而言，他们并不是“印象主义”，但他们想要改变现状的愿望却和“印象主义”一样激进——他们以日常生活为主题，描绘真实的海滨或内陆风景，并从自己的屋舍和花园中获取创作的灵感。

最早在斯卡恩安家的艺术家是安娜和迈克尔·安克夫妇。安娜是邦德慕斯酒店经营者邦德慕斯的女儿，该酒店是镇上唯一一处客店。安娜曾在哥本哈根的一所私立学校学习绘画（因为美术学院不收女性学员），21岁时，她就在夏洛特堡展出了自己的第一幅作品。也正是在夏洛特堡，她未来的丈夫同样凭借自己在斯卡恩创作的第一幅画《他会在那附近吗》（1879）一举成名。这幅画描绘了斯卡恩渔民的艰苦生活。1880年，这对画家夫妇在斯卡恩的教堂成婚。当时他们是此地唯一的永久定居者（其他艺术家只有夏天才来），也成了该艺术家群体的非正式领袖。

没过多久，同一时期丹麦最著名的艺术家们也

纷纷加入了安克夫妇的行列，在此安家，其中包括佩德·瑟夫林·柯罗耶、劳里茨·图森和维果·约翰森。人们对斯卡恩画家的了解，很大一部分都来源于柯罗耶（也就是人们熟知的P.S.柯罗耶，即佩德·瑟夫林·柯罗耶）的画作。他热衷于摄影，常常会先给创作对象拍照，再勾勒小幅的油画草图，最后才逐步绘制成最终的作品。他几乎描绘了每一位斯卡恩艺术家的肖像，并把这些画挂在酒店的餐厅里。

柯罗耶和他的妻子玛丽（她曾经和安娜·安克一起在哥本哈根学习）第一次来到斯卡恩，是在1882年6月。那时柯罗耶已经是一位国际知名的艺术家了。

在此地居住过的艺术家

安娜 · 安克（1859—1935）
迈克尔 · 安克（1874—1927）
赫尔加 · 安克（1883—1964）
佩德 · 瑟夫林 · 柯罗耶（1882—1909）
玛丽 · 柯罗耶（1887—1906）
维果 · 约翰森（1875—约 1920）
劳里茨 · 图森（1870—1927）

从 19 世纪 80 年代到 20 世纪 20 年代，斯卡恩这个小渔村俨然成为斯堪的纳维亚艺术家们的聚会据点。有些艺术家仅在每个夏天来此待上一两个礼拜，他们租住客房或者住进这里唯一的客店 —— 邦德慕斯酒店。有些艺术家在斯卡恩一住就是好几个月。还有少数艺术家，包括该群体的领袖，安娜和迈克尔 · 安克夫妇，则把斯卡恩当作了他们永远的家。他们彼此为邻，住在村上各色各样的旧房子里，还会定期聚集在一起交流思想。一些艺术家最终结为伴侣，但社团里的成员一直来来去去，并不固定。

艺术家们来到斯卡恩，一方面是被这里偏远的地理位置和荒凉的自然风光所吸引，另一方面也因为他们热衷于描绘这里劳作着的人们。他们在斯卡恩自由地摸索全新的生活方式，尝试不一样的艺术创作。同时，在印象主义和现实主义等许多不同画派的启发之下，每一位画家又都形成了自己独有的风格。斯卡恩的这个创意社团一直活跃到 20 世纪 20 年代，他们的作品直到今天依旧颇受欢迎。

这幅 1890 年的肖像画可能是佩德 · 瑟夫林 · 柯罗耶和玛丽 · 柯罗耶在蜜月期间创作的，他们以彼此为模特，完成了这幅画

在斯卡恩，柯罗耶创作了他最为出名的两幅花园主题的油画：《玫瑰》和《花园里》。

自成一体的空间

斯卡恩画家们最重要的生活信条，就是希望把家庭 —— 屋子和花园组成的独立空间，和外部繁忙的城镇生活分割开来。他们画中的花园都被尖尖的栅栏或树篱包围着，这些主题的画作有其明确的风格，画家们也绝不会把它们和那些“现实地”描绘当地渔民劳作的画面混淆在一起。

社区的中心是邦德慕斯酒店及其花园别墅，这座狭长且低矮的木质房屋也是斯卡恩最古老的建筑之一。迈克尔和安娜 · 安克夫妇成婚后搬进花园别墅居住，他们的女儿赫尔加也在那里出生。安克夫妇在屋子的东头设立了一间联合工作室，柯罗耶则把画室搬进了旁边一个存储干粮的小粮仓，它也在酒店的院子里。

1883 年，柯罗耶发起了“夜间学院”。学院设立

左图 《古老的花园别墅》(1914)，迈克尔·安克绘。作品描绘了邦德慕斯酒店的花园小屋，这里是他和安娜居住并招待朋友的地方。

下图 邦德慕斯和安克一家在酒店外的合影。艺术家安娜及其丈夫迈克尔·安克（第二排最右边的两位）是斯卡恩社团的发起者。

对页图 《在邦德慕斯酒店进行的艺术家午餐会》(1893)，佩德·瑟夫林·柯罗耶绘。这幅画描绘了在斯卡恩的一次非正式聚餐，迈克尔·安克站在一群艺术家们的身旁，他们来自瑞典、丹麦，还有挪威。

上图 安娜和迈克尔·安克夫妇在斯卡恩定居，搬进了马克维2号。这里离安娜父母家很近，他们经营着邦德慕斯酒店。

右图 《安克花园的入口》(1903)，安娜·安克绘。画里的梨树至今仍然伫立着（参见上图）。

对页图 《嗨，嗨，欢呼！》由佩德·瑟夫林·柯罗耶绘于1888年。取材自艺术家们庆祝搬迁的聚餐。当时他的朋友安克夫妇搬进了马克维，这所宅子还附带一座大花园。

的初衷是让艺术家及其朋友们暂停手中的工作，在美好的夏日夜晚相聚在邦德慕斯酒店，交流各自的艺术和思想。

花园是远离城市的乡村生活方式中至关重要的一部分。1884 年 5 月 1 日，迈克尔和安娜·安克夫妇买下了位于马克维 2 号的住宅，那儿离安娜父母的住处邦德慕斯很近。为了庆祝搬迁，安克夫妇为所有的朋友举办了一场花园午餐会，而聚餐的情景被柯罗耶画进了他最受欢迎的作品——《嗨，嗨，欢呼！》中。安克夫妇的新家也确实值得庆贺。不仅仅因为这里有一座大花园，有地方种植蔬菜，有宽裕的空间摆放餐桌，大家可以在花园里用餐和娱乐，更因为这里安装了镇上罕有的热水系统，炉子里的柴火可以源源不断地提供热水用来冲澡。这幅作品花费了柯罗耶 4 年的时间，最初可能只是抓拍的一张照片，但后续他又不断造访安克夫妇的花园并在那里作画。1888 年，他终于在邦德慕斯花园他自己的工作室里，完成了这幅作品。

玛丽和佩德·柯罗耶夫妇觉得邦德慕斯酒店的生活太过约束，决定与玛莎和维果·约翰森一家一起，租下了本德森夫人大农舍的部分屋舍，及其花园的一角。这座老宅让艺术家们倍感欢欣，维果以玛莎在屋内外劳作的场景为主题，创作了多幅作品。而从柯罗耶的画作《本德森夫人的花园里，树下的母鸡》，我们可以看出花园呈现的衰败景象，画家对此并未作任何美化。

上图 玛丽（图中）和佩德·瑟夫林·柯罗耶夫妇租下本德森夫人的屋子（跟玛莎和维果·约翰森夫妇一起），宅子里有着开满鲜花却原始荒野的花园。

下图 《厨房内部》（1884），维果·约翰森绘，描绘了本德森夫人屋子的内部。玛莎是斯卡恩当地的女孩，1880年嫁给维果。

对页图 《花园里的玛丽》（1895），佩德·瑟夫林·柯罗耶绘。他们搬到城郊的斯卡恩种植园后不久，柯罗耶画了这幅作品。夫妻俩都很喜欢这座充满野趣的林地花园。

斯卡恩的画家们大事记

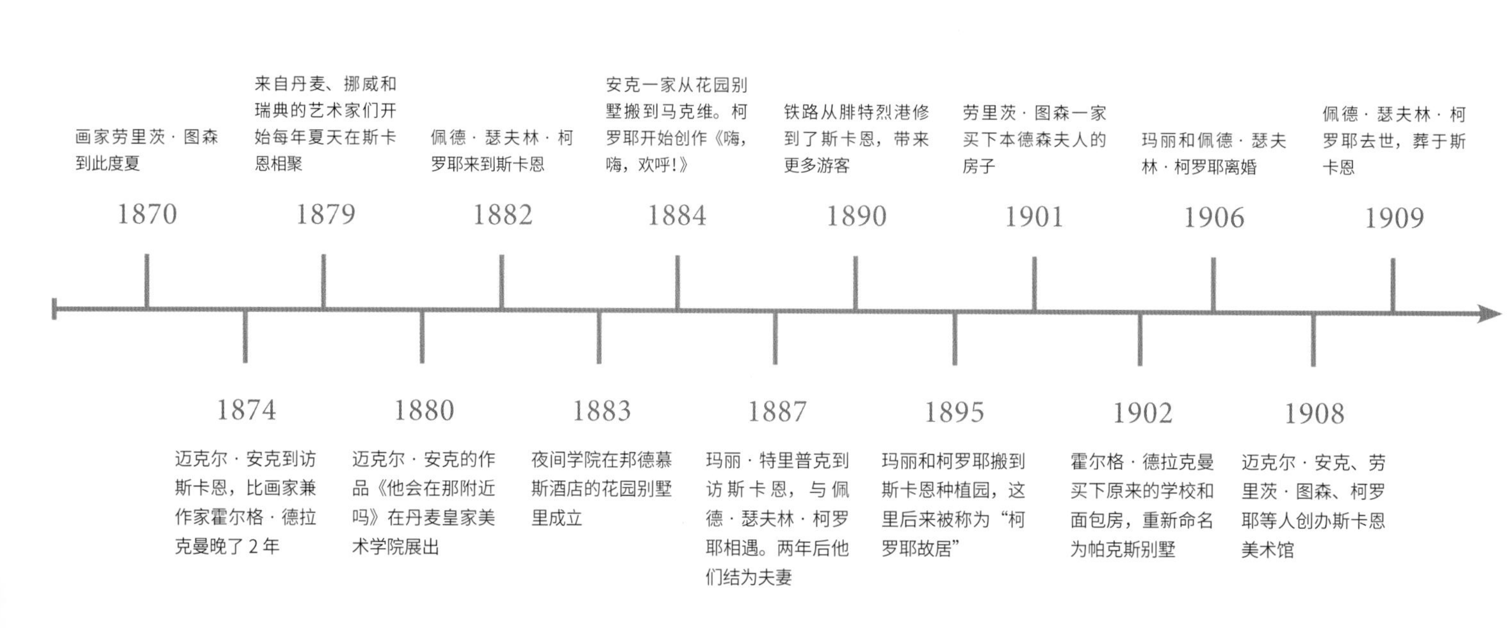
1870
画家劳里茨·图森到此度夏
1874
迈克尔·安克到访斯卡恩，比画家兼作家霍尔格·德拉克曼晚了2年
1879
来自丹麦、挪威和瑞典的艺术家们开始每年夏天在斯卡恩相聚
1880
迈克尔·安克的作品《他会在那附近吗》在丹麦皇家美术学院展出
1882
佩德·瑟夫林·柯罗耶来到斯卡恩
1883
夜间学院在邦德慕斯酒店的花园别墅里成立
1884
安克一家从花园别墅搬到马克维。柯罗耶开始创作《嗨，嗨，欢呼！》
1887
玛丽·特里普克到访斯卡恩，与佩德·瑟夫林·柯罗耶相遇。两年后他们结为夫妻
1890
铁路从腓特烈港修到了斯卡恩，带来更多游客
1895
玛丽和柯罗耶搬到斯卡恩种植园，这里后来被称为“柯罗耶故居”
1901
劳里茨·图森一家买下本德森夫人的房子
1902
霍尔格·德拉克曼买下原来的学校和面包房，重新命名为帕克斯别墅
1906
玛丽和佩德·瑟夫林·柯罗耶离婚
1908
迈克尔·安克、劳里茨·图森、柯罗耶等人创办斯卡恩美术馆
1909
佩德·瑟夫林·柯罗耶去世，葬于斯卡恩

上图 劳里茨·图森画的《盛开的杜鹃花》(1911)。图森听取亚历山德拉王后的建议，种植了杜鹃花，它们能更好地适应斯卡恩的酸性土壤。

下图 画家劳里茨·图森在1901年买下本德森夫人的旧农庄，改造成达明尼别墅。在那里，他以他的花园和鲜花为主题作画。

对页图 《蓝色房间里的阳光》由安娜·安克绘制。画中她的女儿赫尔加正坐在邦德慕斯酒店的一间画室里，这也是赫尔加外祖父母经营的酒店。

柯尔库布里的艺术家们

E. A. 霍内尔，乔治·亨利，詹姆斯·格思里，杰茜·M. 金和格拉斯哥学派

英国，苏格兰，柯尔库布里，布劳顿之家

1885 年 1 月的某一天，格拉斯哥艺术学院的几位成员聚集在一起，讨论下一场画展的参展作品。他们很快注意到，某一群年轻艺术家的作品相当与众不同。这些年轻人代表着苏格兰乃至欧洲艺术的新方向，并最终以“格拉斯哥男孩”的昵称被人们熟知。詹姆斯·格思里，爱德华·阿特金森·霍内尔，詹姆斯·彼得森，威廉·约克·麦格雷戈以及其他几位艺术家，因画风受到来自法国的户外绘画全新理念的影响，起初曾被学院拒之门外。

上图　这张照片大约拍摄于 1930 年，照片中的人物分别是：站着的 E.A. 霍内尔，他的姐姐蒂泽，霍内尔画廊的建造师——约翰·科皮（最左），还有霍内尔家的世交——菲利普·霍尔斯特德。

左图　霍内尔游历了很多地方，包括日本、锡兰（即现在的斯里兰卡）以及澳大利亚，同时也带回来许多植物栽种的创意和想法。他把这些想法都融入他位于苏格兰西南海岸的花园里。

右图　爱德华·阿特金森·霍内尔的画作《夏天》绘制于1891年。从画中可以看出，爱德华对图案和纹理越来越着迷。

他们与前辈最大的区别，在于创作主题的选择。前辈们会以大幅面油画描绘苏格兰高地，而他们则更多地刻画现代化村镇里的劳动阶层，画中的自然景观也没有那么伤感。多年以后，“格拉斯哥男孩”极少在格拉斯哥作画，后来甚至不在格拉斯哥生活，这个绰号却被保留了下来。

从1888年起，两位年轻的画家，爱德华·阿特金森·霍内尔和乔治·亨利，开始探索全新的工作方式。霍内尔和亨利很可能是在贝里克郡的科克本斯佩斯相识的，他们都参加了那里的一个绘画夏令营。没多久，他们和詹姆斯·格思里一起，在霍内尔家会面，那是在苏格兰西南的一个小鱼港——柯尔库布里。在此期间，这批艺术家的风格也发生了改变，象征主义变得比自然主义更为重要，他们开始尝试使用各种不同的色彩、纹理和图案。1890年，伦敦的格罗夫纳画廊举办了“格拉斯哥男孩”的最后一次画展，这些苏格兰艺术家由此开启了创作和生活的新阶段。

在柯尔库布里安家

爱德华·阿特金森·霍内尔的父母早年从苏格兰移民到澳大利亚，他们一家在爱德华2岁时回到了柯尔库布里。他的父亲是位鞋匠，他还有11个兄弟姐

上图 《果园里》（1886），创作者为詹姆斯·格思里。格思里在柯尔库布里跟霍内尔和亨利一起度过了1886年的夏天。同他们一样，格思里也四处搜寻乡村景观作为自己的绘画题材。

下图 《加洛韦风景》（1889），这幅作品是亨利离开柯尔库布里后，凭借对该地区的记忆创作的。

妹，其中4个幼年时期就夭折了。尽管他们出身卑微，爱德华的姐姐伊丽莎白（也被称作蒂泽）却在爱丁堡教书。爱德华16岁时跟着姐姐去了爱丁堡，就读于爱丁堡艺术学院。

19岁时，爱德华回到柯尔库布里定居，在21大街开设了一间工作室，并在自己的作品上以E.A.霍内尔署名。他和老友威廉·麦格雷戈以及约翰·费德一起，成立了镇上第一个美术协会。父亲去世后，霍内尔在姐姐的资助下，开始购买房产，获得了一些租金收入。

一段日式插曲

霍内尔和亨利对象征主义有着共同的兴趣，他们还一起完成了一幅大型作品《德鲁伊》（1890）。作品中金色油彩以及图形纹理的运用，在慕尼黑的画展上引起了轰动。据说这幅作品甚至影响到了奥地利象征主义画家古斯塔夫·克里姆特后来的作品。

1893年，得到格拉斯哥的艺术品商人亚历山大·里德和收藏家威廉·伯勒尔的赞助，霍内尔和亨利出发游学日本。他们希望能在那里找到一种早已在苏格兰绝迹的生活之道——传统，自然，不沾染一丁点的工业气息。

在18个月的旅程中，他们沉浸于日本文化，和当地人一同居住，体验当地的音乐、礼仪，还有生活。在长崎市附近，他们甚至参加了春天的赏樱盛会——花见。霍内尔还对摄影产生了浓厚的兴趣，这项技能也被运用到他以后的绘画创作中。遗憾的是，乔治·亨利的大部分油画都在返程的航行中损毁。一回到苏格兰，霍内尔就在里德的格拉斯哥画廊展出了他在日本绘制的作品。尽管丢失了许多画作，日本之旅的成果依然为亨利和霍内尔带来一定的名声，而遥远的日本也将会源源不断地为他们在柯尔库布里的艺术创作提供灵感。

对页图　《长崎花市》（1894）。霍内尔和同伴乔治·亨利在日本游历了18个月，这次旅行引发了他们对东方艺术和文明的终生迷恋。

E.A.霍内尔
（爱德华·阿特金森·霍内尔，
1864—1933）

声名最显赫的时候，E.A.霍内尔在家乡柯尔库布里买下布劳顿之家。他是格拉斯哥画派的一员，即大家更为熟知的格拉斯哥男孩。他终身未娶，一直和姐姐伊丽莎白同住。购置布劳顿之家后，霍内尔在艺术风格上开始发生转变，他抛开了先前的自然主义风格，转向象征主义并且更加追求装饰性。二度造访日本后，那些来自远东地区的创意和构思，开始慢慢渗透进他的绘画作品和花园里。他后期的绘画作品受到摄影爱好的影响——他以柯尔库布里当地的女孩们为模特拍摄了大量照片，然后把她们画进他家附近的花园、林地或者海岸风光的背景中，形成了一种独特的风格。随着霍内尔的声名远扬，许多艺术家到这里来拜会他，其中包括他的艺术家朋友乔治·亨利，画家查尔斯·奥本海默，还有插画家杰茜·M.金（即杰茜·玛丽昂·金）。这些艺术家的到访，让柯尔库布里逐渐成为远近闻名的“艺术家小镇”。

《爱德华·阿特金森·霍内尔》（1896）由贝茜·麦克尼科尔所绘

柯尔库布里的画家们都会雇模特作画，最常见的是当地的农民和孩子。这些模特中，最著名的当属威廉·汤普森。这位柯尔库布里的鞋匠，不仅是詹姆斯·格思里眼中的《老威廉》(1886)，也是亨利画笔下的《树篱修剪工》(1886)。亨利的这幅作品如今收藏在格拉斯哥的亨特里安美术馆。

霍内尔还以当地的女孩们为模特拍照，然后参考这些照片绘制出不可思议却极具装饰效果的画面。这些画现在看起来略显造作，当时却颇受欢迎。他还受

上图 《被俘的蝴蝶》(1905)是霍内尔一系列作品中的一幅。该系列作品刻画了布里格豪斯海湾附近，野蔷薇丛中的当地女孩。

下图 霍内尔为他的模特拍了许多照片，之后他再以这些照片为蓝本绘制油画。

对页图 1910年，霍内尔买下紧邻布劳顿之家的房产，把狭长的后花园拓宽了一倍。

到名为“横滨写真”的摄影技法影响。该技法以日本的港口横滨命名，需要艺术家细致地为黑白照片手工上色。霍内尔收集了大量以这种方式制作的摄影幻灯片。

朗日花园

1901 年，霍内尔得到机会以 650 英镑购下柯尔库布里大街上的一座漂亮房产——布劳顿之家。霍内尔想把这栋房子打造成自己和姐姐蒂泽舒适优雅的家。他很喜欢房子附带的花园，那是一条狭窄的缓坡，一直通往河边。这处房产配有一间马车房、一间马厩，还有一座靠外的附属建筑。霍内尔很快开始对这座附属建筑进行改建，他装上大型的顶灯，把它改成画室，并让房门直接通向花园。他从著名的格拉斯哥事务所请来约翰·科皮负责这项工程。格拉斯哥事务所由霍尼曼、科皮和麦金托什共有。麦金托什同时还是格拉斯哥艺术学院的负责人。

这座花园实际上是一块狭长的土地，被称作“朗日”（lang rig，苏格兰语，意为长坡），一直向下延伸到迪伊河畔。从 1893 年的全国地形测绘图——他前往日本正是这一年，当时他还没买下这座房产——可以看出，他的房屋附带了一座 19 世纪初期风格的规整花园。霍内尔将花园保留下来并雇了一名园丁。他一方面继续种植蔬菜，供应家庭日常所需，一方面改造花园里的其他景观，打造日式风格的花坛及灌木。通过在日本的联络人，他收集了很多苗圃商提供的植物目录，他留着这些目录也许是为了保存芍药、鸢尾、竹子以及百合等漂亮的植物图鉴。从他的购物单据里，我们得知，他花费 1 英镑从格拉斯哥的莱顿公司购买了 10 个天香百合的种球。这种百合带有金色条纹，原产日本。他可能还搜寻了其他可以在英国邮购到的日式植物。蒂泽和他一样爱好园艺，并在 1907 年跟他一起去了日本，这趟旅行途经埃及、锡兰、新加坡和澳大利亚。

1910 年，霍内尔买下紧挨着的 14 号房产。他并无居住那处房屋的意愿，只是想要那块地，以便将现有的花园拓宽一倍。同年，他把老旧的车库房和马厩改作画廊，展示自己的画作。画廊里竖着古典的圆柱，装有巴洛克风格的壁炉。或许正是这第二次的改造工程，开启了他对日式花园的全新设计。

“从信中得知，我的花园现在让人惊艳。牡丹和芍药漂亮极了。还有我的紫藤，我期盼了那么多年等它开花，它却趁我不在家的时候举行了一场盛大的演出。”

——爱德华·阿特金森·霍内尔，1907

这座花园并非传统的日式庭院，它既没有细细耙过的砂砾，也没有精心修剪的造型树，但抬高花坛、假山、流水、池塘、石制工艺品却一样不少，还有蜿蜒的小径穿行其中，形成更为流畅的观赏路线。在新修的画廊外墙边，霍内尔种了一棵产自日本的攀缘植物——冠盖绣球，非常适合墙边遮阴的环境。在其他地方，他还种了日本的枫树（槭属植物）、樱花、竹子、牡丹和芍药，天香百合的种球以及好几棵紫藤。紫藤第一次开花，是在1907年霍内尔和蒂泽外出旅行期间。这让他颇为生气，因为他等这些紫藤开花等了许多年。霍内尔还曾经委托别人建造了一间温室，它看起来很漂亮，装饰性很强，但加热费用很高，也没有通风系统，非常不实用。蒂泽也是花园建设的主力，整日在花园里栽种繁殖，花园能够建成大部分是她的功劳。总体来说，这座19世纪的规整花园和20世纪初的创意融为一体。也许叫它“爱德华七世风格的庭院空间”会更为贴切，花园里点缀着日晷和其他传统工艺美术品，带着些远东的影子，却并非日式庭院的完全复制版。

格林盖特女孩

至少有30位艺术家在柯尔库布里成名。查尔斯·奥本海默后来搬进14号那座霍内尔的房子里，以那里的花园为主题作画。而另一位“格拉斯哥女孩”，贝茜·麦克尼科尔，则在布劳顿之家的画室里描绘了霍内尔的肖像画。

1908年，设计师和插画师杰茜·玛丽昂·金来到柯尔库布里，她采纳了霍内尔的建议，在他家附近的格林盖特胡同买下一处房产。通过在格拉斯哥艺术学院的学习，金成为一名令人敬仰的新艺术风格画家及设计师。她在格林盖特胡同的新家包括一间主屋、四间小屋、一座花园，还有一片通往河边的农田。她在主屋开设了美术课，把小屋提供给暑期来访的女性艺术家居住，包括多萝西·约翰斯通和海伦·斯特林·约翰斯通，珠宝制造商玛丽·休，刺绣工海伦·帕克斯顿·布朗还有银匠阿格尼丝·哈维。

虽然小屋布置简陋，但远离城市，特别是远离了男性主导的艺术世界，对她们的职业生涯大有裨益。苏格兰画家塞缪尔·约翰·佩普洛，是杰茜和她丈夫

左上图 《盛开》（约1890），由日本摄影师玉村康三郎手工上色。霍内尔收集了大量的日本照片和其他手工艺品，这幅照片是其中之一。

对页图 霍内尔的花园结合了英国传统风格和异域的东方元素，图中日本的紫藤花像瀑布一样倾泻到英式的黄杨树篱上。

欧内斯特·泰勒的朋友，1915—1935年，她每个夏天都在格林盖特胡同度过。

搬到柯尔库布里后，金在意大利和德国受到了更多追捧。她一边继续兼职教学，一边也专心进行设计工作，尤其对那些书本的封面设计极为用心。她再也没有离开这座苏格兰港口城市，还把对柯尔库布里的称颂画进了《永不疲倦的白色小镇》（1915）。这是一本极具创意的立体书，旨在向孩子们教授建筑学的知识。作为一名那个时代的独立女性，她受到了广泛关注。由于常骑着自行车在城里到处跑，她也被当地人戏称为“自行车上的女巫”。

1931年，小说家多萝西·L.塞耶斯在书中将她笔下的私人侦探彼得·温西勋爵派到柯尔库布里处理一桩谋杀案，案件的死者是一名艺术家。在她的小说《五条红鲱鱼》里，小镇上艺术家云集——塞耶斯是杰茜·金的朋友，据传她不喜欢霍内尔等几位男性艺术家，于是在文学作品中进行虚拟的报复。

柯尔库布里的成功之处在于它同时包容了业余爱好者和专业人士——画家、作家、雕塑家、设计师、陶艺家和插画师——它从来都不是一个排外的地方。到了20世纪中期，在霍内尔去世多年以后，多萝西·内斯比特、威廉·迈尔斯·约翰斯通，还有利纳·亚历山大等艺术家依旧在此寻找灵感。如今，随着2018年一座公共美术馆的开业，柯尔库布里开启了全新的艺术旅程。在苏格兰的这个小角落，E.A.霍内尔和其他“格拉斯哥男孩”留下的艺术遗产依然拥有着最强大的魔力。

左上图 插画师杰茜·M.金的影棚照片，由詹姆斯·克雷格·安南拍摄于1908年。金住在E.A.霍内尔家附近的格林盖特胡同，她在家中设立了暑期学校，为女性艺术家提供学习机会。

对页图 《柯尔库布里的一个夏日》（1916），S.J.佩普洛绘。这是佩普洛每年都会到访的小镇，直到1935年他去世。

柯尔库布里的艺术家们大事记

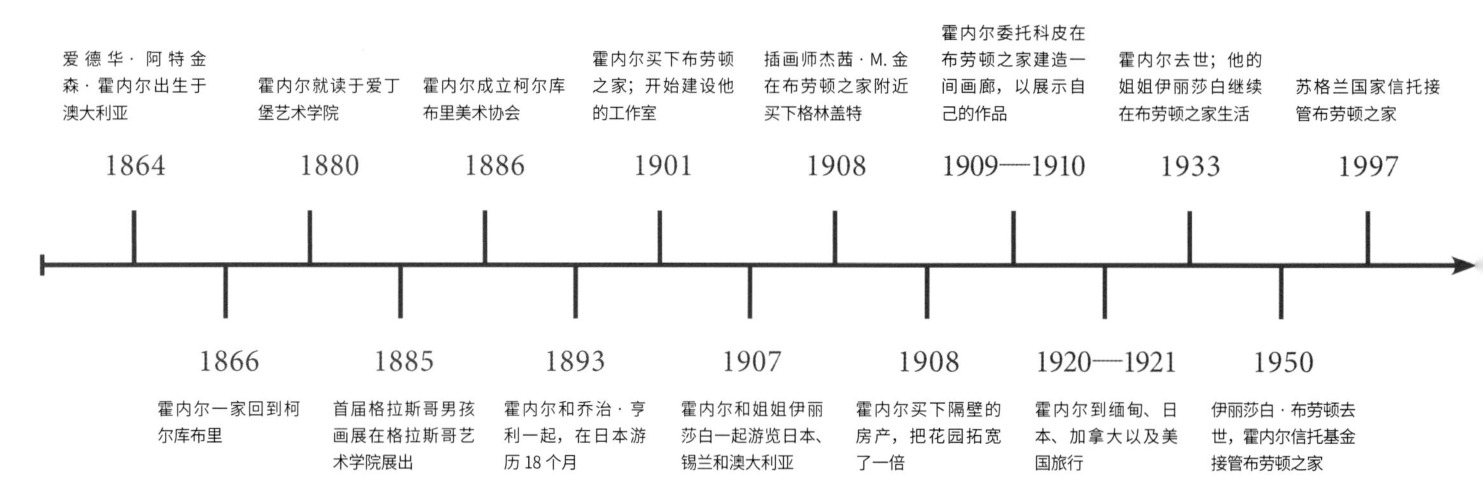

工艺美术运动

威廉·莫里斯，梅·莫里斯和丹蒂·加布里埃尔·罗塞蒂

英国，英格兰，牛津郡，凯姆斯科特庄园

如果房子能够拥有记忆，那么英国牛津郡凯姆斯科特庄园所保有的记忆，比世上大多数房子的都要多上许多。这栋建于 17 世纪早期的宅邸及其花园曾在三位艺术家的人生中扮演了至关重要的角色，这三位富有创造力的艺术家分别是：工艺美术设计师威廉·莫里斯；他的女儿，画家兼刺绣家梅·莫里斯；和人们称之为“最后的拉斐尔前派艺术家”的丹蒂·加布里埃尔·罗塞蒂。在这个故事中登场的还有其他一些角色，包括威廉的妻子简·伯顿·莫里斯，她是罗塞蒂的模特和缪斯，也是罗塞蒂的情人，以及艺术家爱德华·伯恩－琼斯和建筑师菲利普·韦布。

他们的故事集中发生在凯姆斯科特村河畔的老宅和花园里，那里起初是这群身心疲惫不堪的伦敦艺术家的乡间隐居地，后来成为梅·莫里斯和她晚年的伴侣玛丽·洛布的长期居所。

对页图 1874年由弗雷德里克·霍利尔为凯姆斯科特庄园的莫里斯和爱德华·伯恩-琼斯两家拍摄的照片。后排（左起）：菲利普·伯恩-琼斯、理查德·琼斯（爱德华的父亲）、爱德华·伯恩-琼斯、威廉·莫里斯。前排（左起）：乔治亚娜·伯恩-琼斯、珍妮·莫里斯、玛格丽特·伯恩-琼斯、简·莫里斯和梅·莫里斯。

上图 《凯姆斯科特庄园花园中的女士》（约1905）由和梅·莫里斯同时代的拉斐尔前派艺术家玛丽·斯帕塔利·斯蒂尔曼创作。玛丽是拉斐尔前派运动中最伟大的女艺术家之一，她在20世纪初曾到访凯姆斯科特，并为花园绘制了几幅画作。

曾在此居住的艺术家

威廉·莫里斯（1871—1896）

丹蒂·加布里埃尔·罗塞蒂（1871—1874）

梅·莫里斯（1871—1938）

从 1871 到 1938 年，凯姆斯科特庄园与 3 位艺术家人生的交集跨越了近 70 年。威廉·莫里斯将凯姆斯科特视作自己的隐居之所，他所设计的许多纺织品和墙纸都以这里的植物和自然环境为灵感。威廉·莫里斯对设计的贡献和对工艺美术主义的拥护，使他成为当时声名最显赫的艺术家和手工艺人。莫里斯的老师兼朋友罗塞蒂是拉斐尔前派的创始人和奠基者之一，在他之后，又涌现出新的一批喜好中世纪精神的英国艺术家。罗塞蒂爱上了莫里斯的妻子简，并以她为原型绘制了很多画作。莫里斯和简的女儿梅在 9 岁时第一次来到凯姆斯科特，在梅回伦敦学习刺绣并加入莫里斯公司之前，她一直和罗塞蒂一起生活在凯姆斯科特。梅后来成为古董织物方面的讲师，同时从事设计工作，并不断创作水彩作品。

威廉·莫里斯，由弗雷德里克·霍利尔拍摄于 1884 年

早期灵感：威廉·莫里斯

1871 年，当 37 岁的威廉·莫里斯租下凯姆斯科特庄园时，他已经是一位成功的艺术家、诗人、冰岛传奇小说译者和企业家。他的诗作《尘世天堂》于 1866 年出版并广受好评，他同时还是被称为“英国工艺美术运动”的设计复兴运动的领导者。

莫里斯在埃平森林的伍德福德庄园长大，儿时的他习于在田野树林间自由奔跑，童年犹如田园诗一般。显然，当时的他并没有跟随父亲到城市生活的打算。15 岁时，莫里斯入读马尔伯勒学院。就学时，离学校不远的萨弗纳克森林成了他的避世之所。之后前往巨石阵和锡尔伯理等古迹的朝圣之旅，更为他对历史和自然世界的热情奠定了基础。

后来莫里斯入读牛津大学，在就读期间，具体来说是 1853 年，他遇到了艺术家爱德华·伯恩-琼斯，后者成了他一生的朋友。莫里斯的父母本想让他成为牧师，但在阅读了约翰·拉斯金和查尔斯·达尔文等人的著作，了解其中的新思想后，他拒绝踏上父母为他安排好的道路。在 21 岁生日时，莫里斯继承了每年 900 英镑的可观遗产，经济上的独立让他能够以自己的方式在这个世界上闯出一片新天地。

莫里斯最初在牛津的乔治街建筑工作室当学徒，在那里他结识了年轻的建筑师菲利普·韦布。1857 年，工作室搬到伦敦，莫里斯和韦布也一同搬到了伦敦。同样在这个时期，丹蒂·加布里埃尔·罗塞蒂将伯恩-琼斯招致麾下，开始教他画画。之后不久，急于提高自己绘画技能的莫里斯也开始上罗塞蒂的绘画课。1861 年，这群人和其他合伙人一起成立了莫里斯、马歇尔、福克纳联合公司，公司旗下设立了中世纪风格手工家具和装饰品的经销店。这家公司就是后来传奇性的莫里斯公司——即广为人知的那家公司的前身。

平静的开端

一天晚上，这群年轻人去剧院看戏，观众席中绰约动人的简·伯登吸引了他们的注意力。虽然 1859

左图 书籍插画家沃尔特·克兰绘制的《红屋》(1907)。

下图 莫里斯小说《乌有乡新闻》(1890)卷首上凯姆斯科特庄园的版画。

年4月和她结婚的是莫里斯，但却是比莫里斯大6岁的罗塞蒂最先指定简做他的模特，后来罗塞蒂还成了简的情人。

结婚后，简和威廉委托菲利普·韦布在肯特郡的贝克斯利为他们设计了一栋房子。这栋被称为“红屋”的房屋堪称建筑学的典范之作，这里也让夫妇二人对工艺美术品的爱好得以发展。他们的女儿珍妮和梅都出生在红屋，但是随着公司生意的日益兴旺，一家人搬回了伦敦，最终定居在泰晤士河边的汉默史密斯区。

住在伦敦让莫里斯的生意获益颇丰，但他仍然认为可以在乡间以另一种方式生活。他和罗塞蒂一起租下了牛津郡泰晤士河附近的凯姆斯科特庄园，在1890年出版的乌托邦小说《乌有乡新闻》中，他分毫不差地描述了这座庄园：

“道路渐行渐高，引着我们走入一小片田野，田的一边是河流的回水区；……我的手几乎是不由自主地打开了围墙门上的门闩，我们就这样站在了通往那栋老宅的石子路上。”

莫里斯一家有时会乘船前往凯姆斯科特，相比快捷的火车，威廉更喜欢坐船。简·莫里斯把去庄园的旅行称为“出去野餐”—— 由于庄园刻意保持着简朴

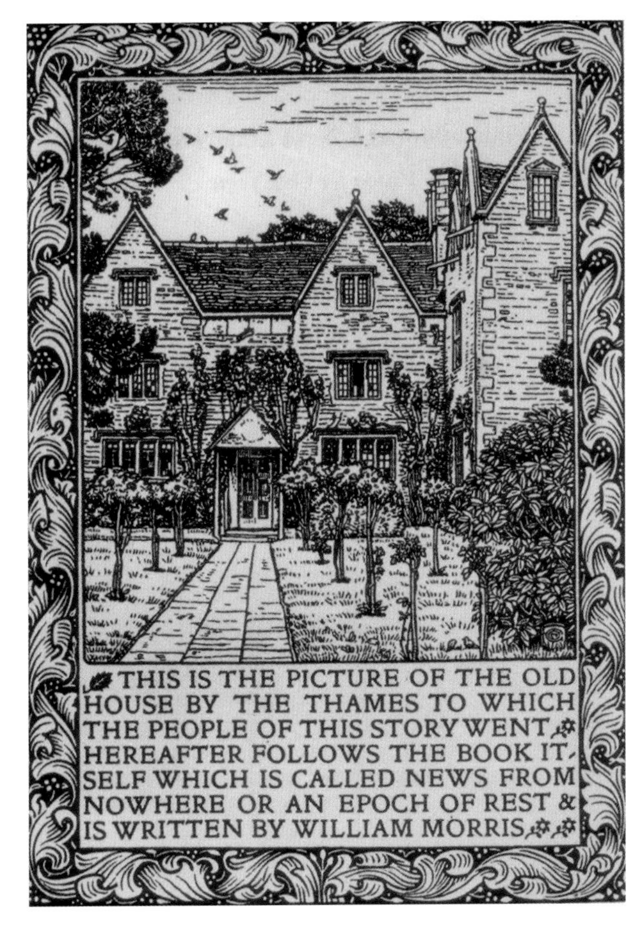

的陈设，所有东西都必须从伦敦随身带过去。

从屋顶的结构到木镶板的内饰，威廉喜爱这所房子的一切。这栋房子的屋顶结构很特别，顶上的瓷砖

“在墙和房子之间的花园，弥漫着六月里花朵的芬芳，玫瑰在精心照料的小花园中竞相绽放。”

——威廉·莫里斯，1890

颇大，从上往下瓷砖逐渐变小。他同样喜欢这里充满野趣的花园，对于以植物和自然为主题进行设计的他来说，花园处处都充满着激发灵感的可能。

最初他只租下了房子和带围墙的花园——外围建筑和“大草坪”仍然由农场经营。花园小屋住着此处的园丁，见面时总会对莫里斯行脱帽礼。莫里斯是一个坚定的社会主义者，对此感到很不高兴，一直要求他别再这么做了。

合租人：丹蒂·加布里埃尔·罗塞蒂

莫里斯夫妇租下凯姆斯科特庄园的原因之一，是当时简和罗塞蒂的关系非常亲密，而这栋房子恰好给他们提供了远离伦敦共处的机会。1871 年 5 月，威廉·莫里斯去冰岛游学，简与他们的孩子珍妮和梅，还有罗塞蒂一起搬到了凯姆斯科特。罗塞蒂把自己的画室和卧室安排在二楼最好的房间里，透过窗户可俯瞰拉科特河并远眺泰晤士河。这是一个混乱的时期，不仅是因为罗塞蒂把他所有乱七八糟的东西都搬了进来，包括颜料，家具，还有许多他画的以简为模特的画作。莫里斯出了名的不喜欢在家里摆放无用或者没有美感的物件，等他来到凯姆斯科特时，他发现这房子简直一团糟。

简和罗塞蒂的恋情最终不了了之。9 月，莫里斯和家人们团聚，之后他们搬回了伦敦，留下罗塞蒂在凯姆斯科特独自一人黯然神伤。他和莫里斯家孩子们一起采摘鲜花的夏日已逝，1872 年冰冷刺骨的寒冬到来了。尽管这段时间罗塞蒂有自杀倾向，与村民也发生了摩擦，他还是在凯姆斯科特创作出了他的作品中若干最出名的画作，包括以简为模特的《普洛塞庇娜》。1874 年，他离开了这座庄园，之后再也没回来过。

左上和右上图 凯姆斯科特庄园和果园的东面，由弗雷德里克·霍利尔拍摄于 1896 年。

左上图 丹蒂·加布里埃尔·罗塞蒂成为威廉·莫里斯的妻子简·伯顿的情人，并与她和孩子们搬到了凯姆斯科特庄园。该肖像由 G.F. 沃兹创作于 1871 年。

右上图 以简为灵感来源和模特，罗塞蒂曾多次对女神普洛塞庇娜的经典形象进行重新描绘，创作了不下 8 个版本。本幅作品为他在 1882 年去世前所作。

左下图 罗塞蒂经常以简为模特，这幅名为《水柳》(1871) 的画是简本人最喜欢的一幅。图中的她身处河的对岸，远景正是凯姆斯科特庄园。

源于自然的设计

工业革命开始后，市场上充斥着低劣的工业产品，工艺美术运动是对这些低质工业产品的一种抗议。运动始于 19 世纪 80 年代。建筑、艺术和印刷领域的从业者受到这一运动的启发，开始重新思考如何制作出品质更加稳定统一的手工制品。对莫里斯来说，这意味着要了解窗帘、床罩、地毯、家具和墙纸等家居用品的制作工艺，并参与到生产过程中。作为设计师，他亲自动手，自学编织制作绳结地毯和刺绣。1878 年，他花 500 多个小时编织了挂毯《老鼠簕和葡萄藤》，这幅挂毯现在还挂在凯姆斯科特庄园。

凯姆斯科特庄园的花园一直是莫里斯公司设计的灵感来源。莫里斯的女儿梅回忆说，父亲允许她做纺织品天然染料的实验——这些染料会在凯姆斯科特进行测试，然后再带回伦敦进行大规模生产。威廉·莫里斯在斯坦福德郡的利克与丝绸生产商沃德尔一起研究染色工艺，并一直寻找优质的天然染料：用来染蓝色（有时会在染料中加入菘蓝来固色）的靛蓝，用来染红色的茜草和用来染黄色的淡黄木樨草。

在莫里斯公司的设计中，灵感来自凯姆斯科特的包括《草莓小偷》，描绘的是画眉在草莓地里偷食草莓的场景，以及他女儿梅的设计《忍冬》（见对页）——虽然人们常误认为这幅作品是威廉所作——该作品很可能是以门廊上生长的那棵植物为原型创作的。梅还记得她父亲为了制作 1874 年的《柳叶》图案墙纸，曾在凯姆斯科特仔细端详过河边柳树的叶子，正因为如此，1887 年创作的《柳枝》中所描绘的柳叶才更为自然。《肯尼特》的设计灵感，也源自此处的鲜花和从屋舍附近流过的泰晤士河。

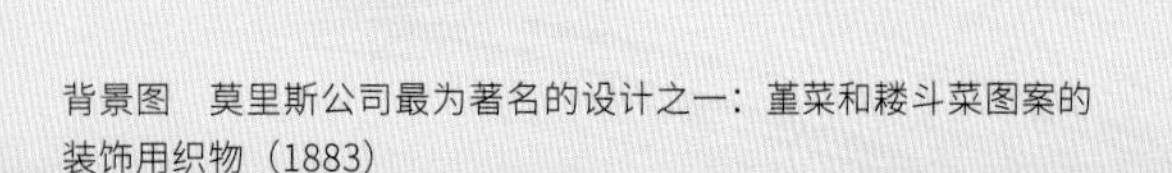
背景图　莫里斯公司最为著名的设计之一：堇菜和耧斗菜图案的装饰用织物（1883）

《柳枝》（墙纸，1887）

《草莓小偷》（家居陈设用布料，1883）

《肯尼特》（家居陈设用布料，1883）

宅家的艺术家：梅·莫里斯

凯姆斯科特对威廉·莫里斯来说只不过是一间乡间别墅，但对他的妻子和两个女儿来说，这里却是永远的家。梅在凯姆斯科特居住的时间最久，她在发展设计事业的同时也成为这座花园的主要看护者。

在梅的成长环境中，充满了美丽的物件、富有创造力的人们、有趣的建筑和手工制品。她出生在贝克斯利的红屋，但她的性格形成期却是在伦敦市中心，莫里斯公司的玻璃彩绘车间旁度过的。她的母亲、姨妈、朋友和姐姐珍妮都参与各种缝纫和刺绣的工作，从制作壁饰到书籍封面无所不包。9岁起她就住在凯姆斯科特，她是罗塞蒂最爱的孩子，常常看着罗塞蒂作画，如果艺术家的创造力一点都没有感染到她，那才是怪事一桩。

1878年，梅考入国立艺术培训学校，即后来的皇家艺术学院。她在学校里专攻刺绣，尤其是中世纪刺绣。23岁时，她到莫里斯公司管理刺绣部门。她同时还是一位技艺精湛的水彩画艺术家，会为公司设计墙纸，忍冬图纹墙纸就出自她的设计。梅的大部分设计没有那么明显的莫里斯风格，她多以草地和灌木篱笆的植物为题材进行创作，而非花园里的鲜花或热带水果。梅早期的素描作品就已经展现出对植物的生物学特征精确的表现力。

梅追随父亲的社会主义理想，成为工艺美术运动的代言人，这场运动一直持续到第一次世界大战爆发。然而，她的父亲还在世时，她的设计创作总是由公司主导，直到1896年父亲去世，她经济上获得独立，才能够按照自己的意愿发展，成为古董织物领域的著名导师和倡导者。到了34岁，她进一步涉足珠宝制作、纺纱和编织等领域，并在1907年成立了妇女艺术工会，而当时妇女是被排除在艺术工会之外的。1909—1910年的冬天，她开始了在美国的巡回演讲。

回到凯姆斯科特庄园后，梅过着最简朴的生活——房子里没有自来水，也不通电。她还负责监督村里新农舍的建设，建这些新农舍是为了纪念她的

顶部图 1871—1872年，同住在凯尔斯科特庄园时，罗塞蒂为9岁的梅·莫里斯画了这幅粉笔肖像画。

上图 梅·莫里斯在1883年前后为公司设计的忍冬图纹墙纸。

右图　20世纪30年代，梅·莫里斯从凯姆斯科特绿房间的窗户向外眺望。威廉·莫里斯用自己调制的涂料手工绘制了这间屋子里的木镶板——绿房间因此而得名。

对页图　梅·莫里斯绘于19世纪80年代早期的水彩画《从旧谷仓看凯姆斯科特》。

母亲。她的母亲在1913年即买下凯姆斯科特庄园一年后去世，之前他们一直处于租住庄园的状态。

1917年，梅收留了一个之前一直在附近农场工作的乡下女孩，玛丽·洛布。玛丽负责帮忙打理家务、做饭并照顾梅的起居生活。两人后来成为终身伴侣，并一起去冰岛进行了几次漫长而艰苦的旅行，旅行中她们一起骑马并在野外露营。最终二人在凯姆斯科特安家，梅在那里一直生活到1938年去世。

花园岁月

曾有访客这样描述梅·莫里斯和玛丽·洛布两次世界大战期间在牛津郡家中的生活：梅的一天从在花园里散步开始，她会采些鲜花装点屋舍，然后再到厨房花园里挑选当天备用的蔬菜。她在此设计的数百件刺绣作品，几乎都带有某种花卉或自然图案。

这个围墙环绕的花园包括一个果园、一个菜园和数处花坛，还有威廉·莫里斯时代就在的老桑树。通往东门廊的小路两旁依然种着直立月季，和《乌有乡新闻》的卷首上刊印的一模一样，但梅很可能在20世纪20年代和30年代间重新栽种了这些月季。在房子的北侧，从旧照片里能够看到，那里乡村风格的栅栏上攀爬着更多的月季、铁线莲和忍冬。早期的照片中还可以看到一个起伏的造型树篱。从冰岛回来后，威廉·莫里斯就着手将紫杉树篱修剪成冰岛神话中的野兽——古老的北欧沃尔松格传说中的法夫尼尔。这个神兽外形并不是特别像龙，身上有更多“斑点”，但后来的园丁们把它剪成了一个有着长长的尾巴和巨蛇脑袋的生物——这可不是莫里斯的本意，但更能让人分辨出这是一条龙。

花园墙外的草地一直延伸到一个“缺口”处，那很可能是在18、19世纪为了给村里引水而做的。小路穿过草地，通向修剪过的柳树林——柳树是威廉和梅·莫里斯作品中重要的灵感来源和图案。当然，临水的地理位置对罗塞蒂影响也很大，他在凯姆斯科特画了那幅著名的《水柳》，画的前景是简，而她身后是河流和房屋。

凯姆斯科特庄园的花园

修复和复兴

凯姆斯科特的复兴故事折射出 20 世纪历史建筑修复的起起落落。为了纪念她的父亲，梅希望能将凯姆斯科特保留为艺术家和学者们的休憩之所。牛津大学曾为此地招租，租户包括曾在这里短期居住的诗人及活动家约翰·贝杰曼，他在 1952 年为这栋房子拍摄了一部纪录片。但在 20 世纪 60 年代，凯姆斯科特庄园移交给古文物协会（威廉·莫里斯之前也是其成员）时，庄园已亟须大规模修缮。

漏水的屋顶、腐烂的木料、让人反感的扩建部分，梅的想法已经行不通了，凯姆斯科特庄园需要专职租户来打理房子的方方面面，并制订出维护计划：将南侧用作生活区，北侧用作公共区域。另一个机构：古建筑保护协会参与了修缮过程，威廉·莫里斯是该协会的创始人之一，其座右铭是“保护而非修复”。在基本工程完成后，庄园于 1967 年向公众开放。

由于房屋修缮工作的优先级更高，花园当时只是简单地铺了草坪，直到 1993 年，该协会获得了新的资金，才请来布伦达·科尔文和哈尔·莫格里奇公司重新设计这里的花园。果园依旧在原来的位置，原来种植蔬菜的地方则变成了槌球草坪。为了纪念莫里斯老鼠簕和葡萄藤图案壁纸的设计，花园中还新增了一个爬满葡萄藤的藤架，还有其他与威廉和梅作品相呼应的植物。

对页图（从左上角起，按顺时针方向）1871 年，威廉·莫里斯来到凯姆斯科特庄园时，那棵老桑树已经在那里了；别墅北面的村舍花园；灌木月季“法尔斯塔”；河边的柳树；乡村风格的篱笆将花园和果园分隔开，篱笆上面攀爬着古典月季；从绿房间的窗户看到的老桑树。

屋前的古典直立月季以色彩为主题做布置：大门那头种植淡粉色月季，中间为深粉色月季，然后又是淡粉色月季。房子的西侧则以老桑树为主体，花坛用黄杨镶边，里面种植着牡丹、古典蔷薇、夹竹桃、老鼠簕和英国鸢尾——所有这些植物都曾是莫里斯作品中的重要组成部分。对莫里斯来说，他不仅仅欣赏花园的视觉外观，同时还享受花园的气味——花园中的香草、薰衣草和柠檬薄荷，都让他回忆起伍德福德庄园中的厨房花园，他就是在那里长大的——这些植物，连同莫里斯的草莓地，都被重新引入到这个花园中，种在老式土厕的周围。

莫里斯公司的纹样受到变幻莫测的时尚潮流的影响，如潮水般起起伏伏。虽然凯姆斯科特庄园并非“那个公司”的圣殿，但它有着更深远持久的影响力。这里体现了莫里斯的传统，同时也演变成一处接纳任何艺术美术理念追求者的地方，它相信人们应该保有对自然的敬畏，同时相信人的技艺远比机器技术更为重要。

左图　食材花园中的三格土厕颇为独特，如今上面爬满了攀缘型的香豌豆。

对页图　威廉·莫里斯会沿着两旁种满直立月季的小径，从东边的门廊走向这所房子。

莫里斯大事记

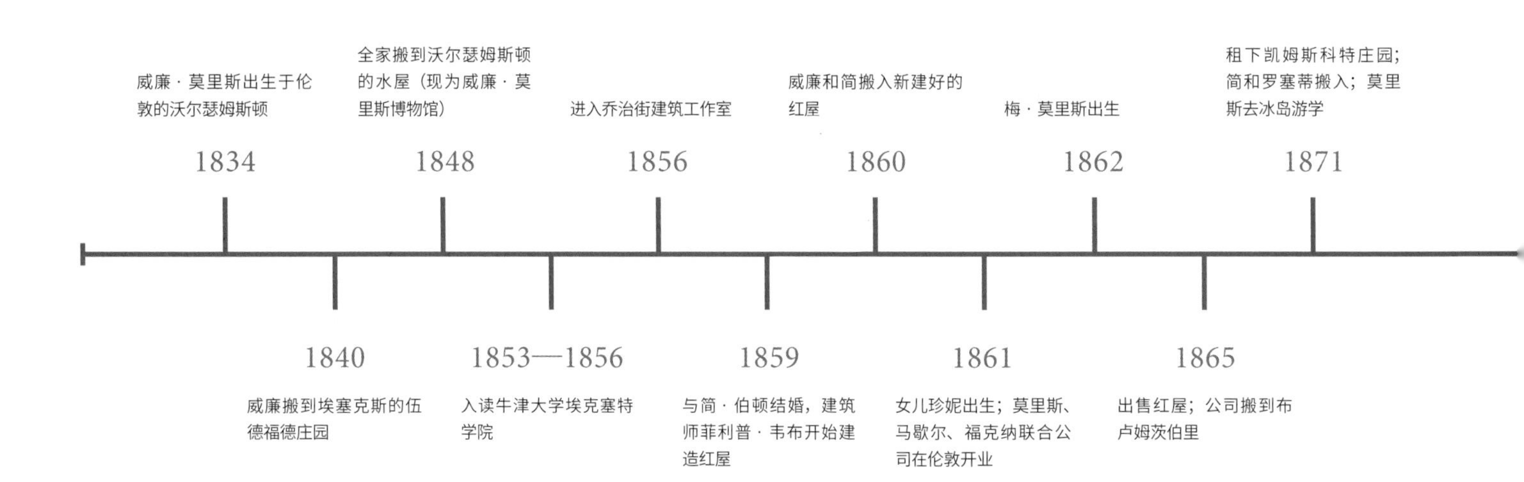

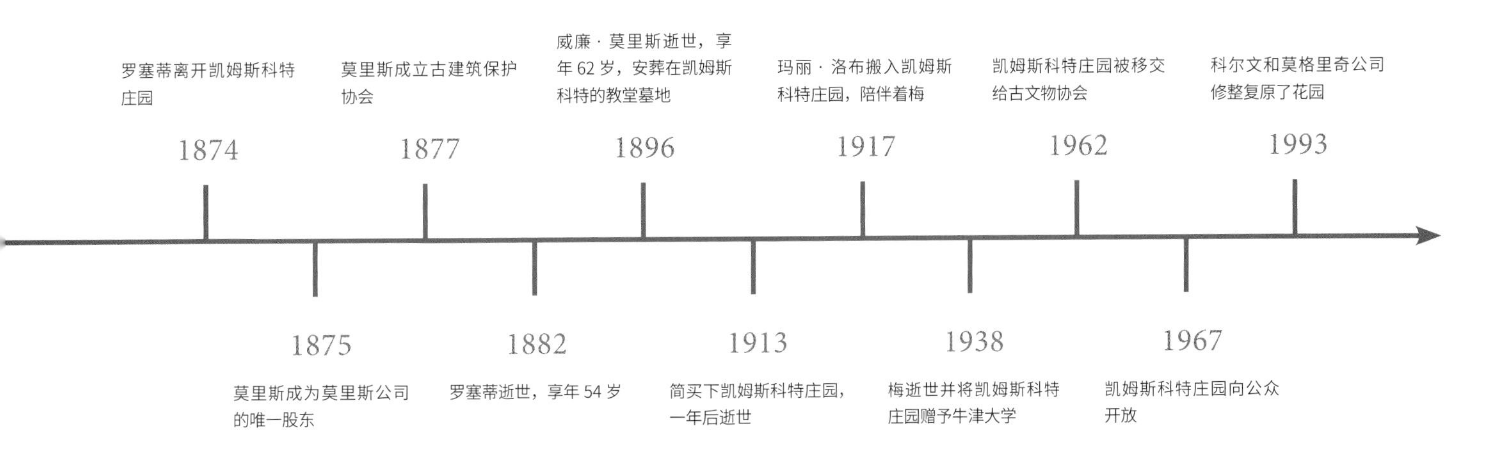
罗塞蒂离开凯姆斯科特庄园
1874
莫里斯成立古建筑保护协会
1877
威廉·莫里斯逝世，享年 62 岁，安葬在凯姆斯科特的教堂墓地
1896
玛丽·洛布搬入凯姆斯科特庄园，陪伴着梅
1917
凯姆斯科特庄园被移交给古文物协会
1962
科尔文和莫格里奇公司修整复原了花园
1993
1875
莫里斯成为莫里斯公司的唯一股东
1882
罗塞蒂逝世，享年 54 岁
1913
简买下凯姆斯科特庄园，一年后逝世
1938
梅逝世并将凯姆斯科特庄园赠予牛津大学
1967
凯姆斯科特庄园向公众开放

新英格兰印象派

弗雷德里克·施尔德·哈森，朱利安·奥尔登·威尔，玛丽亚·奥基·杜因及东海岸的艺术家社群

美国，康涅狄格州，缅因州及新罕布什尔州

美国印象主义运动受19世纪末活跃在欧洲的艺术家如莫奈、雷诺阿、德加、马奈等人的启发而产生，它的萌芽要归功于一位巴黎的艺术品经纪人，保罗·杜兰-鲁埃尔。1883—1886年，正是他将法国艺术家的作品带到了美国。他在美国办的画展，还有那些前往欧洲研习绘画技法的美国人，推动了玛丽·卡萨特与西奥多·罗宾逊等画家在美国本土的声名鹊起。这些印象主义画家成为新艺术运动的先锋，他们与欧洲同行一样，热爱花园和自然，但他们并不盲目模仿，而是找到了自己的发展方向。

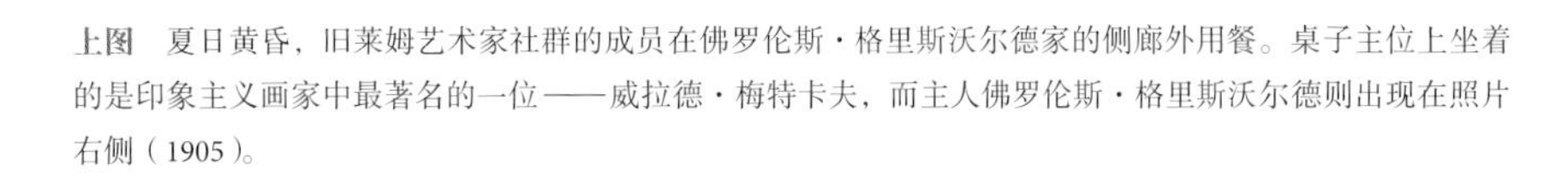

上图 夏日黄昏，旧莱姆艺术家社群的成员在佛罗伦斯·格里斯沃尔德家的侧廊外用餐。桌子主位上坐着的是印象主义画家中最著名的一位——威拉德·梅特卡夫，而主人佛罗伦斯·格里斯沃尔德则出现在照片右侧（1905）。

上图 《露台》（约 1908），作者威廉·查德威克，描绘了佛罗伦斯·格里斯沃尔德住宅的侧廊及花园。查德威克是一位在英国出生的艺术家，他在旧莱姆地区定居，是康涅狄格州艺术家社群的常客。

聚集各处的艺术家
（1880—1920）

美国艺术家们聚集在众多社群中，探讨花园和乡村主题，互相学习。艺术家们来来去去，有些只待几个星期，有些则会在社群所在地安家落户。

旧莱姆艺术家社群，佛罗伦斯·格里斯沃尔德之家 威拉德·梅特卡夫，哈里·霍夫曼，威廉·查德威克，安娜·莉·梅里特，查尔斯·维津，弗雷德里克·施尔德·哈森与马蒂尔达·布朗是当时在美国康涅狄格州沿岸社群中最著名的艺术家。

康涅狄格州的威尔农场 朱利安·奥尔登·威尔的农场吸引了许多喜好开阔景色的艺术家。其中包括约翰·亨利·托契曼，施尔德·哈森和莫里斯·亨特。这一家族传统也被他的女儿、艺术家多萝西·威尔·扬和她的丈夫——雕塑家马洪里·扬保持了下来。

西莉亚·萨克斯特位于阿普尔多尔的宅邸 诗人西莉亚·萨克斯特曾邀请艺术家弗雷德里克·施尔德·哈森，威廉·莫里斯·亨特等人到访过自己在肖尔群岛上的住宅。

美国新罕布什尔州康沃尔社群 玛丽亚·奥基·杜因和她的丈夫汤马斯·杜因，以及威拉德·梅特卡夫加入了雕塑家圣·高登斯创立的社群。

《朱利安·奥尔登·威尔自画像》(1886)

崭新的开始

1883 年 9 月，当杜兰-鲁埃尔首次将画展从巴黎带到波士顿时，印象主义作品在法国得到的评价仍褒贬不一。但在美国，克劳德·莫奈、阿尔弗莱德·西斯莱、皮埃尔-奥古斯特·雷诺阿与爱德华·马奈获得了更为正面的评价。由于这场小范围的成功，杜兰-鲁埃尔在美国艺术协会的邀请下将另外 300 幅作品（其中 250 幅为法国艺术家作品）带到纽约。在第二场展览中，一些画作的创作者当时在美国并不知名，其中包括贝尔特·莫里索、乔治·修拉和古斯塔夫·卡耶博特。

印象主义画展在纽约的国家学院再次展出，这次同时参展的还有 20 位美国画家的作品，评论家反响依旧良好。很多参展的美国画家都曾与法国印象主义画家一同学习工作过，他们也借此在自己故乡正式进军崭新艺术领域。

当艺术遇上园艺

虽然玛丽·卡萨特一生中的多数时间都旅居巴黎，但她仍被视为美国首位印象主义画家。她在巴黎创作了自己的大部分作品，其中包括最知名的画作《花园里做针线的莉迪亚》(1880)。卡萨特是首位与法国同行一同参展的美国艺术家，这使得她的同胞接纳了足以引导印象主义运动发展的观念，包括对纯色的运用，和对油彩的自由探索性使用，这是她与德加一同实践的成果，在巴黎他们俩常常一起作画。

杜兰-鲁埃尔的展览与 19 世纪末美国民众对花园日益增长的兴趣密不可分。花园功能从实用性的种植草药和食材，转型为精神层面的装饰、休憩以及娱乐场所。这一园艺变化从各方面来说，都是对当时的工业化现状的一种回应，它很大程度上受到英国工艺美术运动的影响，特别是威廉·莫里斯的设计，园艺师威廉·罗宾逊的文章和格特鲁德·杰基尔绘画式的种植风格，后者在康涅狄格州的伍德伯里设计了格莱贝之家博物馆。新兴的美国中产阶级家庭完全接受了这一风潮，如今仍将家庭园艺视为一种消磨时间的休闲活动。

佛罗伦斯·格里斯沃尔德之家

19 世纪 80 年代末，在法国旅居的美国艺术家们纷纷带着自己的作品返回美国。1888 年，曾在莫奈（参见第 130 页）故乡法国吉维尼居住过的威拉德·梅特卡夫在波士顿举行了首次个人印象主义作品展，之后人们纷纷效仿。艺术家们开始在一些地方聚集，许多松散的社群由此诞生，画家们在社群中分享他们的理念和技法。其中最成功的是一处寄宿公寓区，它位于康涅狄格州沿岸的旧莱姆地区，地理位置大约在波士顿和纽约之间。

船长之女佛罗伦斯·格里斯沃尔德从家族继承了一座新英格兰大宅，以及 15 英亩的庄园。由于缺乏资金，她招揽租户以贴补自己的收入，租户中包括艺术家克拉克·沃里斯的母亲和姐妹。克拉克将招租消息透露给同为艺术家的亨利·沃德·兰杰，后者于是在 1899 年到旧莱姆区度夏。第二年，兰杰带着一群

上图　佛罗伦斯·格里斯沃尔德在她旧莱姆区的寄宿公寓建了一座老式花园，这个公寓成为 20 世纪早期印象主义画家的夏季聚集地。

左图　艺术家社群的艺术家们一起作画，描绘花园内的同一主题：河畔景色。

旧莱姆区的花园

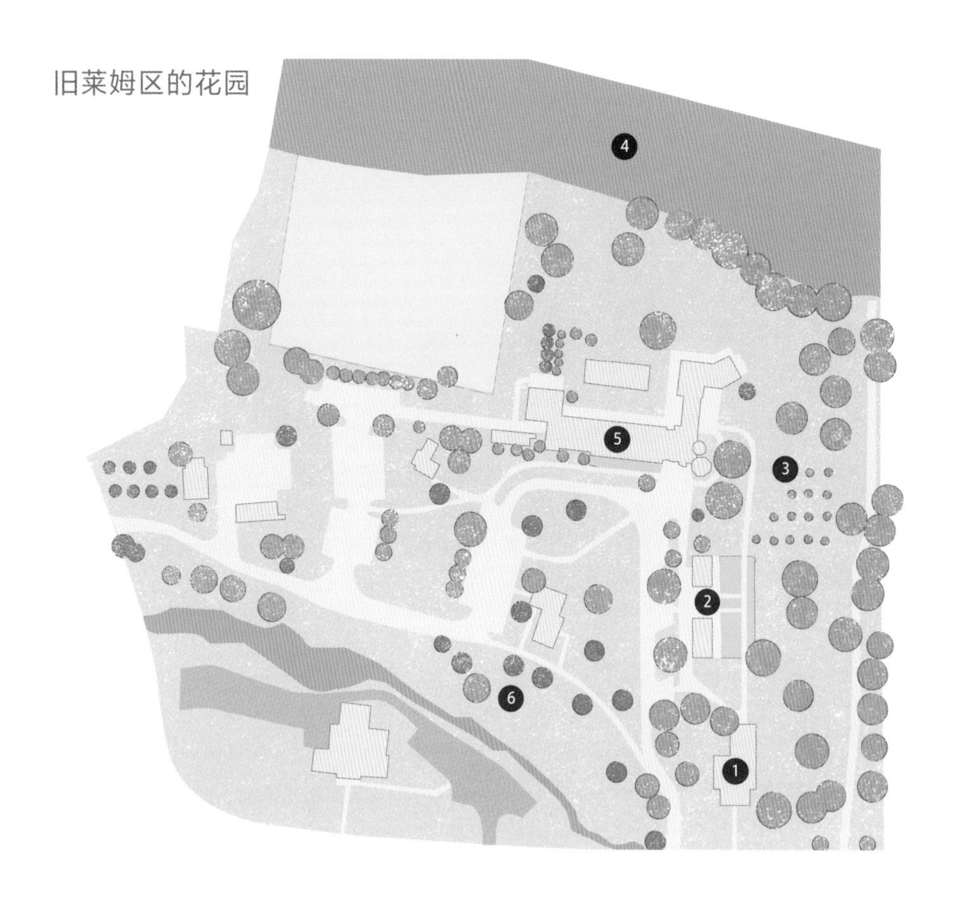

图例

1 佛罗伦斯 · 格里斯沃尔德的寄宿公寓（现为佛罗伦斯 · 格里斯沃尔德博物馆）

2 村舍花园

3 果园

4 上尉河

5 画廊

6 盛放的山茱萸、樱桃木和海棠树

下图 佛罗伦斯·格里斯沃尔德的村舍花园，有一座用于攀爬月季的藤架。

对页图 《芍药》(1907)，作者马蒂尔达·布朗，描绘了佛罗伦斯小姐家的切花花床。布朗在1917年于当地买房之前曾造访旧莱姆达十多年之久。

艺术家再次回到格里斯沃尔德的公寓，打算打造一个美国版的法国巴比松艺术家社群。

佛罗伦斯·格里斯沃尔德的寄宿公寓正适合想要寻找一处宁静乡村景致的艺术家们。这里有一条小河穿过花园，附近还有林地和田野可以作画。在此聚集的艺术家们并不是学生，也不是刚刚经历事业起伏的新人，这群职业艺术家都已成名，他们很看重与其他画家一起工作学习的机会。他们穿梭在公寓和花园之间，天气暖和时在侧廊用餐，并把外围建筑和谷仓当作临时工作室使用。早饭后，艺术家们便会组成户外绘画小组，带上便携画架，讨论如何才能最好地描绘花园。在下雨天，他们则会采下花朵，拿进室内插好用来写生。

格里斯沃尔德雇人照顾牲口、果园和牧场。她同样也热衷于园艺，精心照顾着父母留下的植物。花园中产出的食物用来招待公寓的租客，她通过专类目录邮购种子，从本地花圃购买植物，改造花卉区。这里的开花植物包括紫丁香、芍药、天竺葵、福禄考、毛地黄、蜀葵、鸢尾和萱草，它们在花园中密集而随意地种植在一起，这种风格现在被我们称为村舍花园风或是祖母花园风。她还保留了一处结构松散的区域，追求真正自然风格的艺术家们十分喜爱这一区域。彼时殖民复兴风正盛，格里斯沃尔德也一直在寻找传统园艺品种，并为艺术家们回家后在自家花园选种哪些植物提供建议。

20 世纪末，在一个考古项目的帮助下，原有的附属建筑，小路和花境的位置得到确认，佛罗伦斯·格里斯沃尔德的花园再次重现了 1910 年前后的原貌。

随着研究的进行，佛罗伦斯·格里斯沃尔德博物馆的工作人员发现了更多艺术家作品中所描绘场景的观景点。所以如今我们能确切地知道威廉·查德威克在1908年左右创作《露台》的地方，还可以沿着艺术家的足迹游览该地。

哈森在阿普尔多尔的隐居之所

19世纪90年代早期，酒店大亨之女、诗人西莉亚·萨克斯特邀请艺术家施尔德·哈森到她位于肖尔群岛最大岛屿阿普尔多尔岛上的家里做客。哈森在美国所有的艺术家社群都待过，他很高兴地接受了邀请。首次拜访之后，他几乎每个夏天都会前去探望西莉亚，并为她和她的花园作画。

西莉亚·萨克斯特嫁给了企业家利瓦伊·萨克斯特，并通过他结识了许多波士顿社交圈里的艺术家和作家。哈森与她的关系最为密切，他描绘西莉亚种植着虞美人和雏菊的荒野花园的作品是所有美国印象主义画作中最为知名的。实际上，鉴于哈森的影响力，所有他拜访过的艺术家团体都可以自称为“印象主义”社群。

萨克斯特村舍周围的花园传达着简约的生活理念，这也是她在《岛屿花园》中曾深情表达过的观点（该书于1894年出版，由哈森绘制插图）。西莉亚同样也是一位积极的环保人士，在艺术家的画作中，

她不戴帽饰身处花园的形象明确表达了她对当时用于女帽装饰的热带鸟类羽毛贸易的反对。

西莉亚·萨克斯特的花园是为了取悦自己，以及来访的作家和艺术家而建造的。花床特意布置成自然风格，满满地栽种着萱草、矢车菊、蜀葵和探出花园墙外的向日葵。哈森有时会在其他艺术家社群度夏，但总会再次回到阿普尔多尔。

萨克斯特 1894 年去世后，哈森就不再为这座花园作画了。但之后的 30 年里他每年仍会到访这座海岛，描绘海岸和海景，并最终完成了 300 余幅以阿普尔多尔为主题的作品。1914 年，萨克斯特曾住过的酒店和村舍，包括曾被攀缘植物覆盖的门廊，都在火灾中损毁。1977 年，

左图 《池塘边的下午》（1908—1909），作者朱利安·奥尔登·威尔，他在 1896 年建了这座大池塘；这里是他最喜爱的绘画场所，也是他和朋友钓鱼的地点。

上图 威尔的农场建于 1790 年，有着红色的门脸，并成为几代艺术家及其亲友的庇护所。

右图 下沉花园于 1930 年由奥尔登·威尔的小女儿科拉·威尔·柏林厄姆修建。

上图　西莉亚·萨克斯特位于阿普尔多尔的村舍成为弗雷德里克·施尔德·哈森和其他艺术家作家最常去度假的地方。

左下图　这幅萨克斯特在阿普尔多尔花园的画像，是施尔德·哈森为她的书《岛屿花园》(1894)绘制的。

对页上图　《西莉亚·萨克斯特位于肖尔群岛的花园》(1890)，作者施尔德·哈森，这是他为花园和广阔的岛屿风景创作的百余幅作品之一。

对页下图　萨克斯特栽种的开花植物，吸引着授粉昆虫和其他野生生物到访她的滨海花园。

约翰·金斯伯里博士重建了花园。他是肖尔海洋实验室的创建者，这个实验室隶属于康奈尔大学和新罕布什尔大学。萨克斯特当年所种植的一些雪滴花和萱草经历多年奇迹般存活了下来，而花园的其余部分也根据她1893年的设计图进行了精确的复原。

时代性的花卉主题作品

当西莉亚·萨克斯特在她阿普尔多尔的花园中以宁静而深刻的方式为野生动物权益发声抗议时，美国妇女还未拥有投票权，而针对选举权的讨论愈来愈激烈。1898年，10位最具影响力的印象主义艺术家在纽约进行展览，他们被称为“十强”，都是男性。其中最重要的作品是菲利普·莱斯利·黑尔于1908年创作的《深红蔷薇》(月季本身品种为“深红蔷薇”，日本育成，经由英国传到美国，并迅速走红)。其中的女性模特略显忧伤，有些人将其解读为反对妇女选举权的意思，另外一些人则认为它将女性作为主体，是表达支持的意思。对这幅作品的不同观点引发了一场艺术领域女性地位的讨论。

反对派认为应将女性视为与花园场景一体的花园主体，而不是置身其中的装饰品。随着新世纪的开始，更多妇女成为造园者、花园设计师和花园艺术家。像玛丽亚·奥基·杜因和安娜·莉·梅里特这样的画家通过自身努力成为有影响力的艺术家。特别是杜因，作为社群成员之一，她将毕生的精力都灌注于园艺及花园和花卉主题的绘画创作。她和丈夫一起，在奥古斯塔斯·圣·高登斯创建的康沃尔社群度夏，在那里她种植并维护着一座花园，并坚信花园里的体力工作是绘制花卉主题作品最好的进阶途径。她的丈夫汤马斯·威尔默·杜因的风景作品中常出现优雅的女性形象，而她笔下的女性形象与此截然不同。

玛丽亚·杜因将女性视为造园者，放在花园最重要的位置。看过她1909年的作品《罂粟花坛》的人，绝不会质疑，她必定对绘画主题做过近距离的细致观察。最终，这位美国女性创作的户外花卉作品与梵高

Childe Hassam 1890

和莫奈的作品并排展出，尽管多年以来并没有多少人就这件作品给予她赞许。

“鲜花能带给人们仅存在于美之中的疏离美感。”

——玛丽亚·奥基·杜因，1915

新英格兰印象派大事记

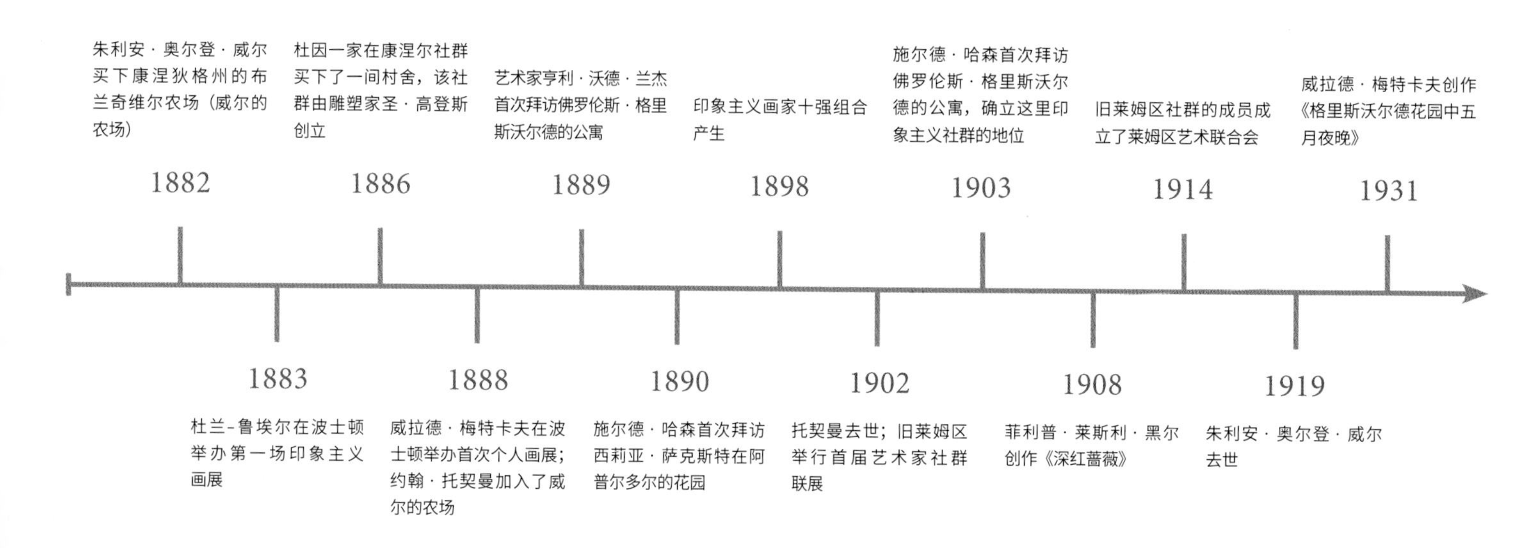

左图　菲利普·莱斯利·黑尔创作的《深红蔷薇》（1908）引发了女性在艺术领域中所处地位的大讨论。

下图　玛丽亚·奥基·杜因创作的《罂粟花坛》（1909）将花朵自然生长的状态置于绘画的首要位置，正像莫奈在吉维尼所做的一样。

上图 《施塔费尔湖》由加布里埃勒·芒特创作，画作描绘了穆尔瑙画家宅邸附近的巴伐利亚湖光山色。在20世纪，穆尔瑙成为德国表现主义运动的中心。

对页图 画家瓦西里·康定斯基和加布里埃勒·芒特在穆尔瑙，拍摄于1913年，二人在慕尼黑和穆尔瑙两地共同生活了12年，直到康定斯基返回故乡俄国，他们才分开。

德国表现主义者

瓦西里·康定斯基、加布里埃勒·芒特和蓝骑士社

德国，巴伐利亚，穆尔瑙

慕尼黑南部的巴伐利亚群山从城市绵延至施塔费尔湖、科赫尔湖以及瓦尔兴湖沿岸，这里被誉为德国表现主义艺术运动的地理中心。在其腹心之地的小镇穆尔瑙，有一处令人赏心悦目的屋舍与花园。那里是已辞世的画家加布里埃勒·芒特的故居。她与许多伟大画家都有来往，包括她曾经的伴侣，出生于俄国的瓦西里·康定斯基；他们共同的朋友阿列克谢·冯·尤伦斯基、玛丽安娜·冯·韦雷夫金，以及他们的邻居弗朗兹·马克。

20世纪初，这一群艺术家聚会的房子被当地人称作“俄国人之家”，但到了今时今日，它更广为人知的名字是“芒特之家”。芒特和康定斯基在那里打造了一座花园，花园不仅对他们的艺术创作产生了影响，还开辟了一种不同的生活方式，促成两人的朋友以及工作伙伴组成了名为蓝骑士社的艺术社团。

芒特和康定斯基相识于1902年，当时24岁的芒特正就读于慕尼黑的方阵学社，这是康定斯基创办的一间非官方艺术学校（当时的德国不允许主流艺术院校录取女性），由康定斯基本人教授绘画。由于康定斯基当时已婚，在发展出恋情后，两人只能双双离开慕尼黑。他们在突尼斯、荷兰、意大利和法国旅行、绘画，共同度过了4年时光。芒特此时已是一位老练的摄影师，她用相机和画笔记录下二人的旅行生活。期间她对园林景观产生兴趣，为两人曾在法国塞夫尔居住过的圣克劳德公园拍摄了许多照片。

初识穆尔瑙

芒特和康定斯基与阿列克谢·冯·尤伦斯基和玛丽安娜·冯·韦雷夫金关系亲近，他们俩不仅曾与康定斯基一同学习绘画，也同样游历了许多地方。1908年夏，四人结伴前往穆尔瑙，在那里四处游览，描绘当地的巴伐利亚风光。他们同住在当地的客栈格雷斯布劳。对于芒特来说，她与这里的不解之缘就此揭幕，这份缘超越了她所有的个人情感，并持续终生。

之后芒特和康定斯基回到慕尼黑定居。在两人第一次到访穆尔瑙一年后，他们再次回到这里，并在城郊买了一栋新房子。起初芒特并不太热衷此事，但康定斯基说服了她，用她父母留下的钱买了这栋房子，作为两人的度假屋。这栋房子于1909年8月21日登记到了芒特名下。

这座房子仿照巴伐利亚传统山间小屋的样式建造，这也激发了这对情侣对当地民间艺术的兴趣。屋内没有自来水和暖气，要从井里打水供生活所需，但艺术家们对这些不便适应良好，因为这完全符合他们对田园牧歌式乡村生活的期待。这里的风景也令他们心醉，他们的视线掠过花园，穿过通向城镇的铁轨，能看到城堡和教堂尖顶，直至远方的山峦。

刚搬进来时，房子的内部如同干净的画布般，空无一物。他们先把厨房漆成深蓝色，又从慕尼黑订购了亚麻印花窗帘，接着开始亲手装饰室内的每个角落，甚至手工制作大部分家具。穆尔瑙和莫斯科的守护神都是圣乔治，关于他的英雄故事给了康定斯基许多的灵感，很快这所房子里就摆满了收藏品，有中世纪风格的画作、俄罗斯民间工艺品、欧洲其他国家的原始艺术品、彩色玻璃画、各种织物与木雕。他们还特别研究了反向玻璃画，这项技艺是当地的传统绘画技艺，康定斯基在1909—1914年绘制了33幅玻璃画。这对伴侣的艺术收藏是出于一种将自己与“真正的艺术”联系起来的愿望，而芒特之家很快就成为各种思

对页图 《穆尔瑙》(1908)作者阿列克谢·冯·尤伦斯基，他与伴侣玛丽安娜·冯·韦雷夫金是康定斯基和芒特的密友。

左上图 芒特和康定斯基对他们屋舍的式样非常满意，这座房子是仿照传统巴伐利亚山间小屋建造的。

左下图 艺术家们曾在芒特之家的餐厅里济济一堂。

右下图 这对情侣装饰了所有家饰家具的表面，其中包括1910年康定斯基绘制装饰的楼梯。

曾在此居住的艺术家

加布里埃勒·芒特（1909—1914, 1931—1962）

瓦西里·康定斯基（1909—1914）

约翰尼斯·艾希纳博士（1935—1958）

艺术家加布里埃勒·芒特和瓦西里·康定斯基1902年在慕尼黑相识。二人相恋之后逃离慕尼黑（康定斯基的妻子住在慕尼黑），边旅行边作画。1908年他们来到巴伐利亚小城穆尔瑙，芒特买下一幢城郊的房子，之后那里便成为画家、作家、音乐家们的聚会场所，其屋舍本身也是一件独特的艺术品。1914年康定斯基离开这里回到了俄国，随后战争爆发，这所房子也人去楼空。在20世纪20年代，芒特会偶尔回这里看看。到了1931年，她最终回到这里定居。1935年，芒特的新伴侣——艺术史学家约翰尼斯·艾希纳也来此居住。

1909—1914年，康定斯基的风格从后印象主义向抽象主义转变，而芒特的风格则转向表现主义。颇具影响力的艺术团体“蓝骑士”也在此时诞生，该团体（与“桥社”一起，后者参见第98页）成为后来巩固德国表现主义风格的关键社团。对于布里埃勒·芒特来说，她艺术生涯最高产的时期就是在穆尔瑙度过的人生最后30年。

《加布里埃勒·芒特》(1903) 由瓦西里·康定斯基创作

想和观念迸发碰撞的聚会场所，并逐渐发展形成了蓝骑士社。

穆尔瑙的花园

居住在穆尔瑙后，芒特和康定斯基都成了狂热的园丁。他们常常在一起讨论花园的设计，随手勾画花园外观的草图，后来甚至以日志方式记录植物播种和栽种的情况。他们于1909年夏天搬进新家，从芒特7月22日创作的钢笔画中，可以看出当时的花园布局：整个院子由尖桩栅栏环绕着，从屋门到低处的院门之间是一条陡峭的小径，小径将前院一分为二，两旁的苗床中都种上了卷心菜。芒特还把邻居的果园也收入画中作为背景，能看到棵棵果树

上图 康定斯基在二人打造的花园中挖土。由布里埃勒·芒特拍摄于1910年或1911年。

对页图 穆尔瑙花园翻新后，房前的圆形花坛也重新焕发光彩，芒特和康定斯基曾在此混植蔬菜和切花花卉。

和其间的花园小屋。

康定斯基最初设计了一个占据花园大部分面积的圆形花坛。虽然在1910年他们就在花坛中心种满了向日葵，但到了次年他们才开始正式造园。康定斯基设计了多版草图，其中一个甚至有6个同心圆花坛，但他最终还是简化了设计，不过依然详细标明了每处应种植的具体植物。两条小径在圆形花坛中间交汇，将其分成四块，康定斯基在这四片大种植区内又挖出较小的椭圆形花坛。这一版设计出现在1911年绘制的最为详细的一份平面图上，从芒特当时拍摄的花园照片中也可以看出，这对伴侣最终采用了这个设计。

在穆尔瑙的花园中劳作时，两位画家都喜欢穿着巴伐利亚传统工作服。造园工作异常辛苦，而康定斯基还曾抱怨说，在穆尔瑙，花园总是第一位的，要是在慕尼黑，还能有多一些时间钻研艺术。由于对体力劳动的不适应，康定斯基于1912年接受了疝气手术。

1911年和1912年是“花园之年”。他们的村舍花园产出了各种新鲜水果和蔬菜，包括覆盆子与草莓、甘蓝、洋葱、豌豆、萝卜、生菜、菠菜和豆类，以及向日葵、翠雀花、大丽花和月季等鲜花。芒特和康定斯基的种植计划细致地令人震惊，他们的日志还记录了所有作物播种和收获的确切日期。每块地都有编号，分配了特定的作物。

康定斯基在观察蔬菜生长的过程中，不仅跟踪记录收获作物的重量，有时候甚至会一粒粒数清豌豆的数目。当芒特外出时，康定斯基给她写过一封动人的书信，信中说：“你不在真是太遗憾了，天气如此美妙……在我们的小花园里辛勤劳作，看着周围植物都在绽开花朵或悄然结果，真是无上的享受”。同装饰房屋时一样，花园体现了他们对色彩的热爱。他们一直以自己的生活方式践行着对真实感的追求。

改变风格

1908年，芒特和康定斯基还未来到穆尔瑙，那时

候他们的画风可以粗略归为后印象主义风格，并进行过一些印象主义倡导的“户外写生”练习。而阿列克谢·冯·尤伦斯基在法国居住了很长一段时间，受到高更作品的启发，他对使用鲜艳色彩进行二维绘画的表现手法产生了兴趣，并带着这些收获回到了穆尔瑙的朋友们身边。这一群画家聚集在一起之后，迸发了更强的表现力，使用的颜色更具冲击性，而轮廓勾勒却愈发简洁，不再墨守成规——比如康定斯基在画作《穆尔瑙与教堂》（1910）中就将房子涂成紫色、给树涂上蓝色。

1909年，芒特以房子内部和当地风景为主题作画，还与尤伦斯基和韦雷夫金一起在山中练习。芒特和康定斯基当时都很少描绘他们的花园，不过在1910年夏天，康定斯基画了一幅《穆尔瑙花园》，画上出现了向日葵与花园凉亭。这幅作品完成之后，他开始创作组画《即兴创作集》——《印象集》——《作品集》，这一系列作品标志着康定斯基向彻头彻尾的抽象主义风格迈进。

“今天的艺术正朝着我们的前辈所不知道的方向发展；人们听到天启骑士在空中驰骋；整个欧洲都能感受到艺术的兴奋。”

——弗朗兹·马克，1912

蓝骑士时期

穆尔瑙热情欢迎朋友们的到访，如果访客们在这里久住，会被邀请到花园里一起劳作。除了尤伦斯基和韦雷夫金这两位常客，芒特的画家朋友黑德维希·佛勒纳、厄玛·博西和艾米·德雷斯勒也时常来访。博西和德雷斯勒都是新成立的慕尼黑新艺术家协会（NKVW）成员，这个组织是康定斯基和其他一些艺术家共同创立的，但后来他离开了协会。康定斯基和芒特还与住在附近辛德尔斯多夫的画家弗朗兹·马克和他的伴侣玛丽亚·弗兰克成为密友。

康定斯基和马克于1911年初相识，二人在思想理念上一拍即合。只要有机会，他们就会骑车或步行去看望对方。同年6月，康定斯基提出了“蓝骑士”的想法——二人合著一本集合文章和艺术作品的年鉴。蓝骑士的概念浓缩了康定斯基对时代的思考：代表精神境界的蓝色，与代表开辟前路的浪漫主义自由骑士意象相结合。那次会议于10月在芒特之家举行，奥古斯特·马克和妻子伊丽莎白也出席了会议。

当康定斯基的一幅画被NKVW的评审团拒绝时，新成立的蓝骑士社匆忙组织了“蓝骑士编委会首展”。该展览于1911年12月末至1912年初在慕尼黑坦恩豪瑟画廊举办，展出了包括康定斯基、芒特、奥古斯特·马克、弗朗兹·马克以及美国画家艾伯特·布洛克等人的作品。1912年2至4月，蓝骑士社举办了第二次展览，其中包括康定斯基在慕尼黑的邻居保罗·克利的作品，随后他们于5月出版了颇具影响力的《蓝骑士年鉴》。

在此期间，康定斯基和芒特结识了作曲家阿诺德·舍恩伯格，舍恩伯格与妻子经常造访穆尔瑙，到

上图 《穆尔瑙花园的模糊边缘》（1910），标志着康定斯基从现实主义转向抽象主义风格。

左图 到1912年，康定斯基的风格已完全转变为抽象风格，从这幅《即兴创作集27号》可见一斑，由此他获得了世界范围内的认可。

对页图 康定斯基的《穆尔瑙的教堂》（1910），从中可以看到他对颜色和形式实验性地运用。

了1914年甚至在当地购置了一套度假居所。康定斯基一直非常重视音乐，他认为绘画和音乐有共通的可能，因此邀请舍恩伯格也向《年鉴》提交作品。康定斯基满怀热情地认为作曲家的思维方式与画家是一致的，音乐作品的构造与绘画艺术的创作也有许多相通之处。

每当朋友前来拜访芒特和康定斯基，或是日益增多的画商上门求画，众多访客都会在附近住下，并在穆尔瑙及周边地区尽情游览。但这如田园诗般的日子于1914年8月1日戛然而止。随着战争的到来，这对伴侣关闭了芒特之家，匆忙返回慕尼黑。俄国出生的康定斯基现在成了敌国公民，他和芒特于战争开启的2天后——1914年8月3日前往瑞士。

后康定斯基时期

1914年11月，康定斯基决定返回俄国，他把所有财物和画作都托付给了加布里埃勒·芒特。为了把康定斯基的画作存到城中安全的地方并将他们的公寓退租，芒特于1915年返回慕尼黑。接下来她出发前往中立国，先是瑞典之后是丹麦，在那里等待康定斯基回来。1915年她在斯德哥尔摩举办展览时，两人短暂地会了面，当时康定斯基还未打算一去不回。1917年，康定斯基与芒特断绝了所有联系，与俄国人尼娜·安德烈耶夫斯卡娅结婚，自此再也没有去过穆尔瑙的宅邸，也不再过问托付给前伴侣的那些画作。1918年和1919年，芒特在哥本哈根举办了大型个人展，展品包括100幅油画，以及素描、版画和玻璃画。

到了20世纪20年代，芒特觉得自己在任何艺术社团中都毫无归属感，于是回到了德国，辗转于科隆、柏林、巴黎等地。1931年，她决定回到穆尔瑙，定居在那里。在那之前的几年间，她在柏林结识了艺术史学家和哲学家约翰尼斯·艾希纳。艾希纳之后追随她来到穆尔瑙，并成为她的终身伴侣。

《房子的画》(1931)是芒特回到穆尔瑙之后创作的作品，在画面中能看到花园大部分区域铺着草坪，灌木依旧茂密，蓝色的凉亭还在原来的位置。她笔下的自己穿着红色的外套，坐在窗前，眺望着窗外的花园，分外触动人心。而在另一幅画作《我的花园》(1931)中，艾希纳穿着蓝色衣服，在方形花坛中劳作。在这一阶段，芒特的作品越来越多，她不再需要苦苦寻找绘画的主题——她所需要的一切都在穆尔瑙。

芒特和艾希纳再次开始侍弄花草，种植各种新鲜蔬菜与花卉。不过他们从未将康定斯基时期的圆形花坛恢复原貌。这项任务将留给后人完成。这对夫妇一直计划把房子和花园原封不动地保存下来，作为纪念康定斯基早年生活的纪念馆。他们成立了加布里埃勒·芒特与约翰尼斯·艾希纳基金会，负责在他们去世后管理这里。芒特还将所有的收藏品都留给了基金会。1957年，她将康定斯基留给她的那批画作捐献给了慕尼黑伦巴赫美术馆。芒特于1962年逝世，尽管她的艺术并未如康定斯基一样获得国际范围的认可，但在她的努力下，两人在一起的艺术时光——那些画作、藏品、房子和花园——都不会被世人遗忘。

尽管芒特的作品于她生前曾在斯堪的纳维亚半岛及德国境内各地展出，但一直到1992年，才在伦巴赫美术馆举办了对她作品的首次全面回顾展，随后于

上图 《花毯》(1912)，作者奥古斯特·马克，马克是蓝骑士社创始成员之一，德国表现主义先驱。

左图 弗朗兹·马克为《蓝骑士年鉴》创作的插图，出版于1912年。

对页图 蓝骑士社成员，加布里埃勒·芒特大约拍摄于1911年。左起：玛丽亚·马克、弗朗兹·马克、老伯恩哈德·凯勒、瓦西里·康定斯基（坐立）、海因里希·坎彭东克、托马斯·冯·哈特曼。

2018 年在慕尼黑、哥本哈根和科隆又举办了囊括她 130 幅作品的大型画展。加布里埃勒·芒特的才华长久以来被康定斯基的名气所掩盖，这些展览让她恢复了在蓝骑士社中应有的地位，也是对她的绘画技艺和艺术上的多种尝试的认可。

左图　现今从芒特之家的花园看向镇上穆尔瑙教堂的风光。

右图　直到 1962 年去世，芒特一直住在穆尔瑙，她时常描绘花园中的花卉，比如这幅《黑色背景上的鲜花》(1953)。

德国表现主义大事记

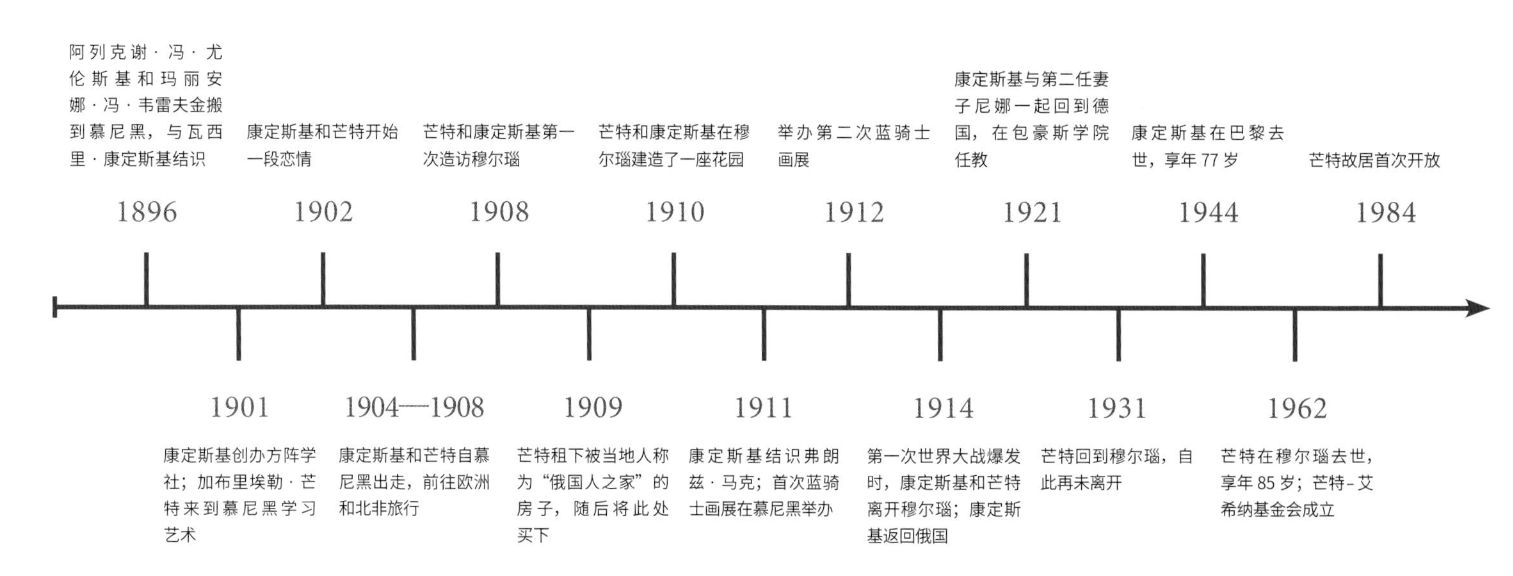

查尔斯顿的艺术家们

瓦妮莎·贝尔，邓肯·格兰特，罗杰·弗赖和布卢姆茨伯里派

英国，英格兰，苏塞克斯，查尔斯顿庄园

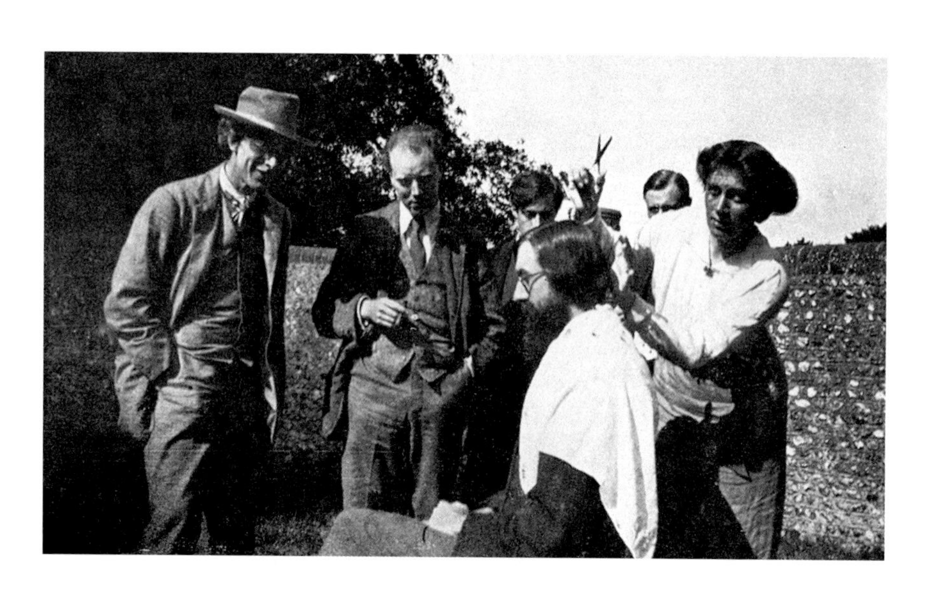

对于布卢姆茨伯里派的和平主义作家、艺术家和学者们来说，第一次世界大战的爆发，让一切都变得不同了。1915 年夏天，伦敦刚开始遭受轰炸时，就有许多人离开城市到乡村避难。待到 1916 年 1 月征兵制度出台，更多的人选择了背井离乡。年轻人只有从事“对国家有举足轻重作用”的工作，比如务农，才能避免被征兵。

雷纳德·伍尔夫和他的小说家妻子弗吉尼亚是布卢姆茨伯里派的核心人物，他们在南唐斯拥有一栋名为阿舍姆的房子。后来雷纳德偶然间发现了查尔斯顿，那是一座待租的旧农舍，位于苏塞克斯的乡村深处。1916 年 5 月，弗吉尼亚写信给她的姐姐、艺术家瓦妮莎·贝尔，建议她租下它。彼时，瓦妮莎与丈夫克莱夫·贝尔已经分居，与她的情人、艺术家邓肯·格兰特一起住在萨福克郡。弗吉尼亚希望与姐姐住得靠近些，因此对这所房

上图 这张照片拍摄于 1920 年，展示了瓦妮莎·贝尔为利顿·斯特雷奇理发的画面。从左到右依次为：罗杰·弗赖、克莱夫·贝尔、邓肯·格兰特。

右图 查尔斯顿庄园的围墙花园里种着大丽花。从 1916 年到 20 世纪 70 年代，这座乡下宅邸里住过形形色色的艺术家和作家。

曾在此居住的艺术家

瓦妮莎·贝尔（1916—1961）

邓肯·格兰特（1916—1978）

昆汀·贝尔（1916—1952）

安杰莉卡·加尼特（1918—1942）

查尔斯顿是一个由艺术家组成的社区，他们通过家庭纽带、友谊和对艺术的共同热情联系在一起。尽管布卢姆茨伯里派成员仅将查尔斯顿庄园作为乡村度假屋使用，宅邸本身仍然吸引了不少人，其中包括艺术评论家和设计师罗杰·弗赖、小说家大卫·“兔子”·加尼特（他创作的《爱的各个方面》，被安德鲁·劳埃德·韦伯改编成了音乐剧）以及经济学家约翰·梅纳德·凯恩斯。艺术家瓦妮莎·贝尔和邓肯·格兰特在第一次世界大战期间逃离伦敦来到查尔斯顿。如此一来，邓肯和他的情人大卫·加尼特就可以在当地的农场工作以逃避兵役。查尔斯顿的室内设计是艺术家们为世人留下的恒久遗产。由罗杰·弗赖设计的花园是他们画作的一个重要主题，也是瓦妮莎的儿子、雕塑家昆汀·贝尔，以及她的女儿、同时也是画家的安杰莉卡进行创作的地方。

邓肯·格兰特和他的女儿安杰莉卡在围墙花园中，拍摄于 1927 年

子，尤其是花园赞不绝口——花园里有池塘、果树和菜地——虽然据她描述，那里已经有些荒芜了。

颠覆传统的家庭

同年 10 月，贝尔、格兰特和贝尔的两个孩子——8 岁的朱利安和 6 岁的昆汀搬进了这座 17 世纪的农舍。格兰特还同时带上了他交往多年的男友、昵称为“兔子”的作家大卫·加尼特。查尔斯顿之所以吸引人，是因为它位于农业区，像格兰特和加尼特这样出于良心拒服兵役的人，定居于此后，能够在当地一位农场主那里从事全职工作。而贝尔则着手把这个寒冷潮湿的农舍改造成一个舒适的家。

贝尔开始粉刷房子的内部，房子的各处装潢都带上了她鲜明的个人风格。艺术家们致力于以独特的装饰让每个房间熠熠生辉，渐渐地，查尔斯顿本身也成了一件艺术品。设计房间、粉刷墙壁、搭配家具、挑选饰物，他们对这些乐此不疲。

这栋房屋拥有“维多利亚式”的前院，草坪一望无际，墙上爬满了常春藤，池塘边还有修剪过的常绿灌木。最初为农场里的牛饮水而挖的池塘，是主屋和花园的重要配饰。它和巨大的垂柳成为孩子们的游乐场，也是艺术家们绘画的一个重要主题。

房子旁边是一个有围墙的菜园，里面种着水果和蔬菜，可供家庭日常所需。墙外的果园同时也是教室，男孩们会在那里接受家庭教师的指导。这些家庭教师试图约束他们，正如邓肯·格兰特的画作《果园里的课程》（1917）描绘的那样。1918 年，瓦妮莎·贝尔生下了她和格兰特的女儿安杰莉卡，这个颠覆传统的家庭自此全员登场。

画家的殿堂

战争最终结束后，贝尔和她的家人搬回了伦敦的布卢姆茨伯里，查尔斯顿成了他们的避暑别墅。1925 年，她与庄园主人盖奇勋爵重新签订了一份更长期的租约，确保农舍在接下来的 50 年里继续为布卢姆茨伯里派服务。贝尔和格兰特原本在围墙花园里的一间

上图　弗吉尼亚·伍尔夫的丈夫雷纳德最先发现的查尔斯顿，他建议弗吉尼亚的姐姐瓦妮莎·贝尔搬过来，以便与他们住得近一些。

下图　《查尔斯顿的池塘》（约1919）。瓦妮莎·贝尔特别喜欢农舍前的旧饮牛池塘，就此创作了好几幅画。

“坐在敞开的卧室窗前……我望着外面延伸到露台的草坪——这是昆汀的主意，他想把我们的花园变成另一个凡尔赛。”

——瓦妮莎·贝尔，1940

上图　配有高效火炉的工作室，建于1925年，这是整所住宅里最温暖的房间，因而后来成了邓肯·格兰特的起居室。他还在壁炉周围的胶合板上作画以作装饰。

右图　《门口》(1929)，作者邓肯·格兰特，描绘了从画室向外眺望围墙花园的风景。

旧军营小屋中工作，较长的租期允许他们在房子的西南角建造一间工作室。这间工作室由他们的朋友、住在伦敦时的邻居、艺术家罗杰·弗赖设计。

工作室北面有窗，光线充足，还有一个取暖的火炉，为艺术家们提供了严肃而舒适的工作空间。

在两次世界大战之间的那些年里，造访查尔斯顿的宾客中包括弗吉尼亚和雷纳德·伍尔夫。这对夫妇1919年搬到了距此9英里处的罗德尔僧侣之家。他们经常步行或骑车来这里。另外还有经济学家约翰·梅纳德·凯恩斯和他的妻子、俄罗斯芭蕾舞演员莉迪娅·洛波科娃，艺术家多拉·卡灵顿，作家E.M.福斯特，利顿·斯特雷奇，凯瑟琳·曼斯菲尔德和T.S.艾略特。当然，在白天艺术家们工作时，访客们只能自娱自乐。格兰特和贝尔都忙于完成克拉丽斯克利夫工厂的商业订单，他们绘制壁画、设计织物和陶瓷，在工作的同时也在形成自己的绘画风格。

合作设计

在查尔斯顿及其花园的建造过程中，有一位艺术家十分重要。1910年，罗杰·弗赖在伦敦策划了一场名为“莫奈与后印象主义画家”的展览，参观者无不为之震惊。展览也对瓦妮莎·贝尔和邓肯·格兰特产生了深远的

影响，他们因此将自己视作后印象主义运动的英国分支。弗赖1911年曾与瓦妮莎有过一段情，当瓦妮莎为了与格兰特同居而与他分手时，弗赖非常伤心，尽管如此，他们仍然保持着亲密的关系。弗赖意识到，许多初露锋芒的艺术家很难挣到足够的钱来维持生活，于是他于1913年在伦敦成立了欧米茄工作室，设计和制作商业产品来维系他们的生活。格兰特和贝尔早期的大部分受托订单都来自这一工作室。

1917年，格兰特和贝尔邀请弗赖帮他们设计围墙花园。弗赖之前已经在吉尔福德的德宾斯设计了自己的房子，并在著名设计师兼女园艺师格特鲁德·杰基尔的协助下布置了一个带露台的花园。弗赖的画作《吉尔福德德宾斯的艺术家花园》中展示的规整式花园设计，显然就像是查尔斯顿南向斜坡花园的前身。德宾斯和查尔斯顿的相似之处显而易见，都有大片的草坪和一个几何形状的游泳池（查尔斯顿是长方形的；而德宾斯是圆形的），有隔开蔬菜花园的黄杨树篱，笔直的小路和开阔的、鲜花盛开的花境。

蔬菜花园里的观赏性草本植物和洋蓟是贝尔和格兰特作品中反复出现的主题。可食用的植物是这个花园的重要组成部分。坡底的一块区域成了这对夫妇的法式菜园，在那里用于装饰的切花和蔬菜混种在一起。

贝尔与格兰特之间的书信以及与其他人的通信表明，他们都曾从卡特种子邮购目录中挑选想要种植的种子。他们最喜欢的植物有一年生草花，如秋英、鼠尾草、百日草和福禄考，还有其他一些多年生植物。这对夫妇得到了很多园丁的帮助，其中包括沃尔特·希根斯，他是瓦妮莎·贝尔忠实的管家格蕾丝·希根斯的丈夫。格蕾丝从1918年开始就为她服务。

罗杰·弗赖选用的植物并不都是因地制宜的选择。草坪边上栽种的银香菊是一种地中海植物，而栽种处土壤潮湿，还被笼罩在果树的阴影之下。但是，银叶或灰叶植物带来的对比效果，比如千里光和麝香石竹，是深思熟虑的结果，它们很好地衬托了鲜艳的花朵，与之相似，室内走廊里的灰色油漆与朴素的灰白色墙壁为图案色彩强烈的房间留出了视觉休息区域。

查尔斯顿的花园

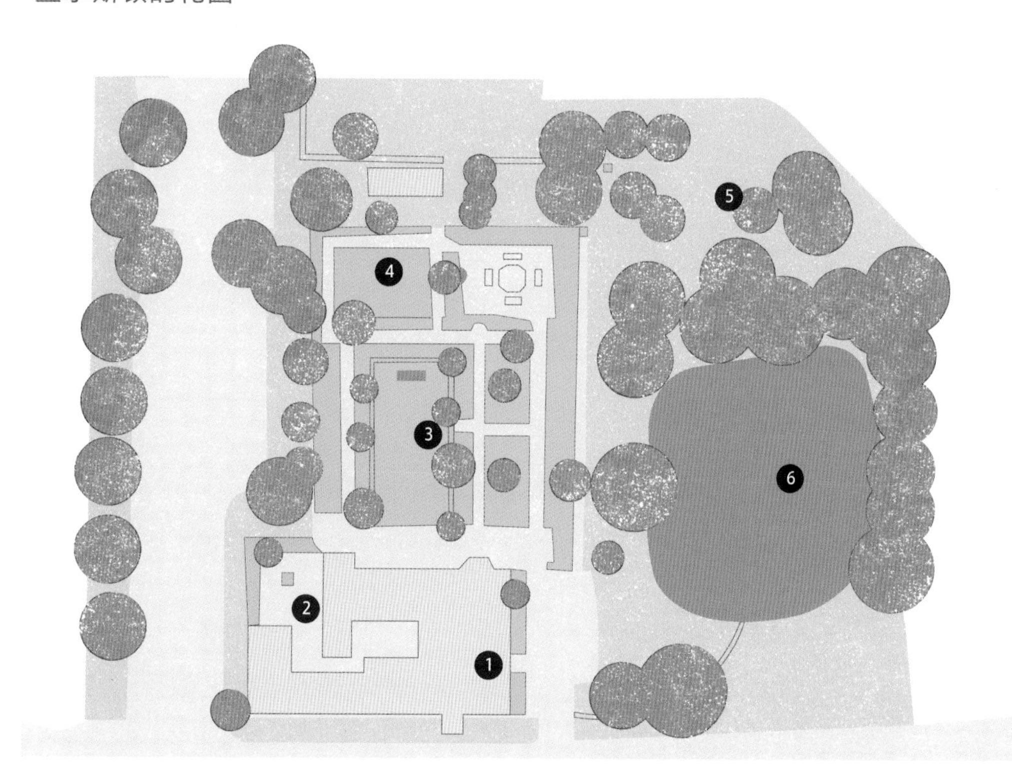

图例

1 查尔斯顿农舍

2 格兰特的愚行

3 围墙花园

4 厨房花园

5 果园

6 池塘

对页图 《吉尔福德德宾斯的艺术家花园》（约 1915），作者罗杰·弗赖，画作展示的是他自家的花园，规划于他设计查尔斯顿之前。

下图 菜园，或称厨房花园，位于围墙花园的斜坡底部。贝尔和格兰特喜欢画那些较富结构感的植物，比如洋蓟和高大的草本植物。

每个来到查尔斯顿的人都给花园带来了一些新意。邓肯·格兰特把一所艺术学院的石膏半身像放在墙上。他还将这个庭院命名为格兰特的愚行，它是工作室建成时形成的一个封闭空间。大卫·“兔子”·加尼特将蜂箱引入了果园。瓦妮莎的儿子昆汀·贝尔，后来成了一位立体艺术家，将自己的雕塑作品加入其中，包括放在池塘边的令人难忘的雕像《飘浮在空中的女士》，以及果园里明显尚未完工的砖砌雕塑《斯平克》。瓦妮莎·贝尔还描述了年轻的访客们如何懒洋洋地在花园里闲逛，享用着花园里出产的各种果实，尤其是她和邓肯种的树上结出的苹果、梨和桃子。

左图 这张照片于1935年在池塘边拍摄，出现在照片上的分别是（左起）朱利安·贝尔、贾妮·伯西（利顿·斯特雷奇的侄女）、安吉利卡和昆汀·贝尔。

下图 围墙花园里的长方形池塘是家人和朋友夏天聚会的好去处。

围墙花园

虽然我们从照片中看到的查尔斯顿是一个没有什么规则的荒凉花园，但 20 世纪早期的围墙花园并非如此。线索就在这些画作中，它们表明这座花园当时并没有疏于照管，而是栽种了精心挑选、细心照料的花卉。瓦妮莎 · 贝尔和邓肯 · 格兰特在查尔斯顿创作了数百幅花卉主题画作，几乎可以肯定，这些花都采自这座花园。春季有郁金香、洋水仙和耳状报春花；接着的夏初有蜀葵和水杨梅；从仲夏到夏末，花园里到处都是秋英、罂粟花、火红的火炬花、吊钟柳、香豌豆，还有单瓣和重瓣的大丽花。其他用来作画的重要植物包括银扇草和蜡菊，这两种植物都可以晒干，留到冬天作为绘画的主题。

查尔斯顿的围墙花园

内与外

在查尔斯顿，主人们也鼓励其他艺术家参与设计室内外的装饰方案。马赛克（使用破碎的陶器）是最受欢迎的，其中最早期的是 1917 年的马赛克步道，由贝尔、格兰特和芭芭拉 · 巴格纳尔设计，它是围墙花园西南角凉棚的地坪。在很久以后，1946 至 1947 年，昆廷 · 贝尔在对角处布置了一幅更大的作品，被称为广场。

从许多方面来看，查尔斯顿的室内设计都是贝尔和格兰特经手的最宏大的设计项目。每个房间，每片区域都需要全员投入，由几位艺术家共同设计和执行。该住宅被广泛认定为由一群来自世界各地艺术家共同完成的最完整的室内设计。

在所有画作中，最能体现花园全貌的也许是邓肯 · 格兰特的《春天的花园小径》（1944）。这幅画描绘的是春天的围墙花园，果树上花朵盛开，鸢尾和石竹从落地窗探出头来。那些是贝尔卧室的窗户，她描述说，在温暖的夏夜，她坐着的办公桌前，也会有香气从花园里飘进来。

1939 年，瓦妮莎 · 贝尔的丈夫、艺术评论家克莱夫 · 贝尔搬入查尔斯顿（他曾不时在此小住，但这次居住的时间更长）。他被安排住在楼上的一套三居室里，瓦妮莎则住在楼下有着落地玻璃门的房间里。

克莱夫·贝尔之所以回到查尔斯顿，可能是由于1937年朱利安的离世。朱利安是克莱夫与瓦妮莎的大儿子，参加西班牙内战6周后牺牲了。此时的瓦妮莎·贝尔需要安慰。同样，当她的妹妹弗吉尼亚·伍尔夫4年后自杀时，她也需要安慰与支持。

瓦妮莎·贝尔和格兰特、克莱夫一起生活在查尔斯顿，直到她1961年去世，时年81岁。在那间可以眺望花园的房间里，她永远地闭上了双眼。当格兰特无法再爬楼梯时，他也搬进了这个房间。

查尔斯顿的新生

邓肯·格兰特1978年的去世，标志着查尔斯顿布卢姆茨伯里时代不可避免的终结。此后60多年，不同的人来来去去。经过多次协商后，盖奇勋爵将房产卖给了查尔斯顿信托基金。该基金随后用了8年时间来修缮宅邸。他们得到了安杰莉卡·贝尔的帮助——她如今也已成为一名艺术家——帮着调制油漆的颜色。还有昆汀·贝尔，他在自己的陶器厂仿制了一模一样的瓷砖。以及他的妻子、艺术学者安妮·奥利维尔·贝尔，她对房子里的家具陈设还留有清晰的记忆。当信托基金接管花园时，园中杂草丛生，花境荒芜，池塘水草泛滥，许多雕塑都需要修复。景观设计师彼得·谢泼德爵士策划并主持了修复，燧石墙被重建，池塘被清理干净，而前首席园丁马克·迪瓦尔在恢复植被方面发挥了重要作用。

对于许多人来说，也许保持查尔斯顿居民的“精神”——野性和波希米亚生活方式——就足够了。但此前在此居住的艺术家们，尤其是邓肯·格兰特和瓦妮莎·贝尔，他们希望这座花园既漂亮又丰产，于是人们将注意力转向了他们的那些画作，它们为复原20世纪30年代至50年代全盛时期的样子提供了参考。虽然黄杨树篱现在被修剪成了云状，但在它们的两边，种植的植物都经过了精确的研究，以重现贝尔和格兰特所描绘的景象——银叶植物，散发着令人陶醉的香味并带有一丝老式英式村舍花园的魅力。

对页上图 邓肯·格兰特收集了当地艺术学院的古董头像和半身像，并把它们安置在花园的墙上。

对页下图 在围墙花园里，黄杨树篱分隔出一个个小空间。邓肯·格兰特把破碎的石雕躯干改造成容器，用来栽种大花绣球。

查尔斯顿的艺术家们大事记

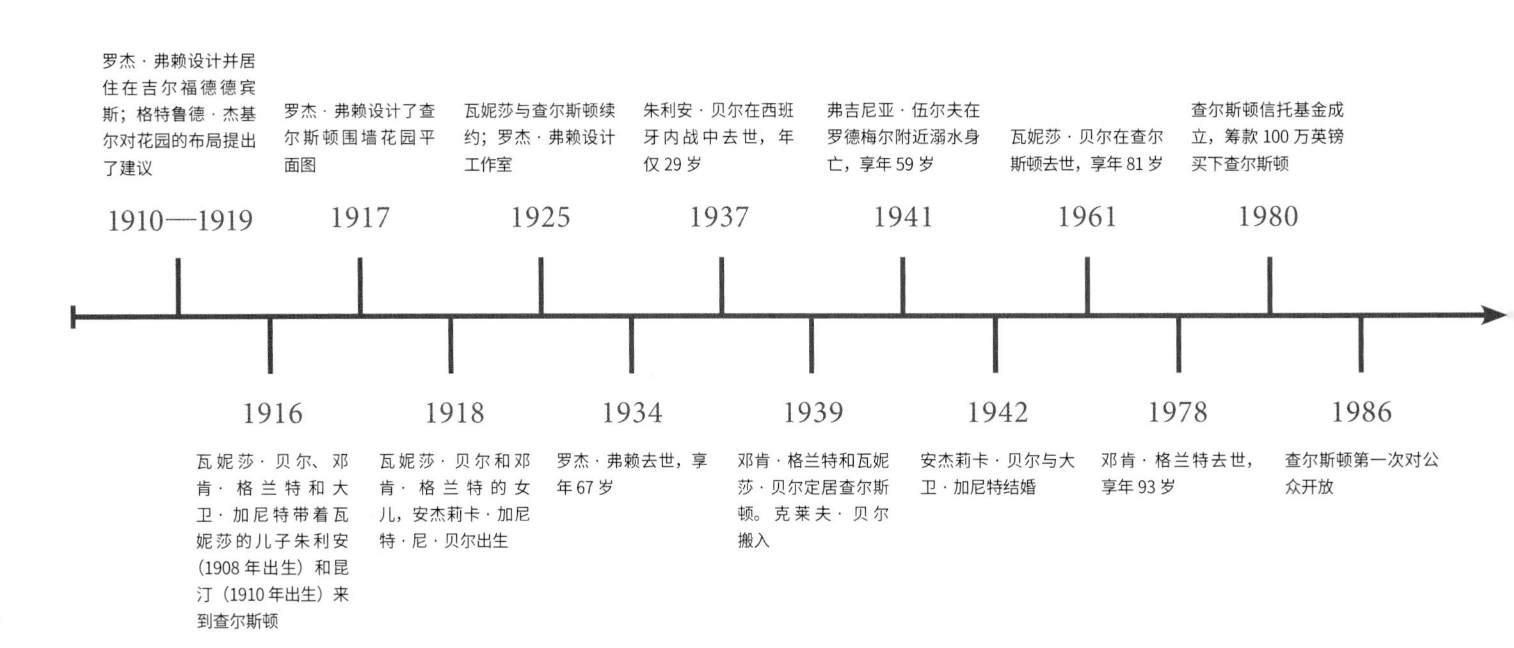

延伸阅读

Bailey, Martin, *Starry Night: Van Gogh at the Asylum*, White Lion Publishing, 2018

Barbezat, Suzanne, *Frida Kahlo at Home*, Frances Lincoln, 2016

Becker, Astrid et al, *Emil Nolde Colour is Life*, National Galleries of Scotland, 2018

Bell, Quentin & Nicholson, Virginia, *Charleston: A Bloomsbury House and Garden*, Frances Lincoln, 1997 (2004 edition)

Dalí, Salvador, *Diary of a Genius 1952–1963*, Éditions de la Table Ronde, 1964 Transl: Richard Howard (Deicide Press edition 2017)

Danchev, Alex, *Cézanne: A Life*, Profile Books, 2012 (2013 edition)

Ebbesen, Lisette Vind, Jensen, Mette Bøgh, & Johansen, Annette, *The Skagen Painters*, Skagens Museums, 2009

Farinaux-Le Sidaner, Yann, *Henri Le Sidaner Paysage Intimes*, Éditions Monelle Hayot, 2013

Farinaux-Le Sidaner, Yann, *Le Sidaner L'Oeuvre Peint et Gravé*, Éditions André Sauret, 1989

Goetz, Adrien, *Monet at Giverny*, Fondation Claude Monet-Giverny, 2015

Jansen, Isabelle (ed.), *Gabriele Münter 1877–1962 Painting to the Point*, Prestel, 2018 (English Edition Lenbachhaus, Munich)

Lambirth, Andrew, *Cedric Morris: Artist Plantsman*, Garden Museum, 2018

Mason, Anna et al, *May Morris Arts & Crafts Designer*, Thames & Hudson / V&A/William Morris Gallery, London, 2017

Mondéjar, Publio López, *Sorolla in his Eden*, Fundación Museo Sorolla, Madrid, 2018

Morris, William, *News from Nowhere, 1890* (Oxford World Classics 2009 edition)

Parry-Wingfield, Catherine, *J.M.W Turner, R.A. The Artist and his House at Twickenham*, Turner's House Trust, 2012

Patin, Sylvie, *Monet's Private Picture Gallery at Giverny*, Gourcuff Gradenigo / Fondation Claude Monet-Giverny, 2016

Renoir, Jean, *Renoir, My Father*, New York Review Books, 1962 (2001 Edition)

Reuther, Manfred (ed.), *Emil Nolde: Mein Garten Voller Blumen*, Nolde Stiftung, Seebüll, 2014. English Translation: *My Garden Full of Flowers* by Michael Wolfson

Royal Academy of Arts London, *Painting the Modern Garden: Monet to Matisse*, 2015

Stoppani, Leonard et al, *William Morris and Kelmscott*, The Design Council, 1981

参观指南

The properties and gardens featured are open to the public, unless stated. Check websites for current visiting information as these can change. As well as the artists' houses, studios and gardens, nearby and relevant museums and galleries are included.

Leonardo da Vinci (pages 16–27)
Le Château du Clos Lucé, 2 rue du Clos Lucé, 37400 Amboise, Val de Loire, France
www.vinci-closluce.com/en
Leonardo Vineyard, Corso Magenta 65, 20123 Milan, Italy
www.vignadileonardo.com/en

Peter Paul Rubens (pages 28–37)
Rubenshuis, Wapper 9–11, 2000 Antwerp, Belgium
www.rubenshuis.be/en

Paul Cézanne (pages 38–49)
Bastide du Jas de Bouffan, 17 route de Galice, 13100 Aix-en-Provence, France
Atelier de Cézanne, 9 Avenue Paul Cézanne, 13090 Aix-en-Provence, France
www.cezanne-en-provence.com

Pierre-Auguste Renoir (pages 50–63)
Du Côté des Renoir, 9 Place de la Mairie, 10360 Essoyes, France
www.renoir-essoyes.fr
Jardin du Domaine Des Collettes, Musée Renoir, Chemin des Collettes, 06800 Cagnes sur Mer, France
www.cagnes-tourisme.com

Max Liebermann (pages 64–75)
Liebermann-Villa on Lake Wannsee, Colomierstraße 3, 14109 Berlin, Germany
www.liebermann-villa.de/en/

Joaquín Sorolla (pages 76–85)
Sorolla Museum, C/ General Martínez Campos 37, 28010 Madrid, Spain
www.culturaydeporte.gob.es/msorolla

Henri Le Sidaner (pages 86–95)
Les Jardins Henri Le Sidaner, 7 rue Henri Le Sidaner, 60380 Gerberoy, France
www.lesjardinshenrilesidaner.com

Emil Nolde (pages 96–105)
Stiftung Seebüll Ada und Emil Nolde , Seebüll 31, 25927 Neukirchen, Germany
www.nolde-stiftung.de/en/

Frida Kahlo (pages 106–115)
Frida Kahlo Museum, Londres 247, Colonia Del Carmen, Delegación Coyoacán, CP. 04100, Mexico City, Mexico
www.museofridakahlo.org.mx/en/the-blue-house/
The Anahuacalli Museum, 150, Colonia San Pablo Tepetlapa, Delegación Coyoacán, CP. 04620, Mexico City, Mexico
www.museoanahuacalli.org.mx

Salvador Dalí (pages 116–127)
Salvador Dalí House, Portlligat E-17488 Cadaqués, Spain
Gala-Dalí Castle, Gala Dalí Square, E-17120 Púbol-la Pera, Spain
Dalí Theatre-Museum, 5 Gala-Salvador Dalí Square, E-17600 Figueres, Catalonia, Spain
www.salvador-dali.org

Monet and friends (pages 130–143)
Claude Monet Foundation, 84 rue Claude Monet, 27620 Giverny, France
www.fondation-monet.com/en/
Hotel Baudy, 81 rue Claude Monet, 27620 Giverny, France
www.restaurantbaudy.com
Monet's House at Vétheuil (Private Home – Bed & Breakfast)
16 Avenue Claude Monet, 95510 Vétheuil, France
Caillebotte House, 8 rue de Concy, 91330 Yerres, France
www.proprietecaillebotte.com

The Skagen painters (pages 144–155)
Skagen Museums, Brøndumsvej 4, DK-9990 Skagen, Denmark
www.skagenskunstmuseer.dk/en/
Brøndums Hotel, Anchersvej 3, DK-9990 Skagen
broendums-hotel.dk

The Kirkcudbright artists (pages 156–167)
Broughton House & Garden, 12 High Street, Kirkcudbright, Dumfries & Galloway, DG6 4JX, Scotland, UK
www.nts.org.uk/visit/places/broughton-house

William Morris and his circle (pages 168–181)
Kelmscott Manor, Kelmscott, Lechlade, Oxfordshire, GL7 3HJ, England, UK
www.sal.org.uk/kelmscott-manor/
William Morris Gallery, Lloyd Park, Forest Road, Walthamstow, London, E17 4PP, England, UK
www.wmgallery.org.uk

New England Impressionists (pages 182–193)
Florence Griswold Museum, 96 Lyme Street, Old Lyme, CT 06371, USA
www.florencegriswoldmuseum.org/
Weir Farm Park, 735 Nod Hill Road, Wilton, CT 06897, USA
www.nps.gov/wefa/index.htm
Cornish Colony, Cornish, NH 03745, USA
www.cornishnh.net
Boat Tours to Celia Thaxter's Garden, Appledore and the other Shoals Islands are run by the Shoals Marine Laboratory (UNH/Cornell University)
www.shoalsmarinelaboratory.org/event/celia-thaxters-garden-tours

German Expressionists (pages 194–205)
Münter House, Kottmüllerallee 6, 82418 Murnau, Germany
www.muenter-stiftung.de/en/the-munter-house/
The Gabriele Münter and Johannes Eichner Foundation, Städtische Galerie im Lenbachhaus, Luisenstraße 33, 80333 Munich, Germany
www.lenbachhaus.de
Franz Marc Museum, Franz Marc Park 8-10, 82431 Kochel am See, Germany
www.franz-marc-museum.de

The Charleston artists (pages 206–217)
Charleston, Firle, Lewes, East Sussex, BN8 6LL, England, UK
www.charleston.org.uk

译名对照表

人名

Ada Vilstrup　埃达・威尔斯特鲁普
Adam van Noort　阿达姆・凡・诺尔特
Agnes Harvey　阿格尼丝・哈维
Albert André　艾伯特・安德烈
Albert Bloch　艾伯特・布洛克
Alexander Reid　亚历山大・里德
Alexej von Jawlensky　阿列克谢・冯・尤伦斯基
Alfred Lichtwark　艾尔弗雷德・利希特瓦尔克
Alfred Messel　艾尔弗雷德・梅塞尔
Alfred Sisley　阿尔弗莱德・西斯莱
Alice Hoschedé　艾丽斯・奥修德
Alice Tricon　艾丽斯・特里孔
Aline Charigot　阿莉娜・莎丽戈
Alphonse Fournaise　阿方斯・弗尔乃兹
Andrew Lloyd Webber　安德鲁・劳埃德・韦伯
André Breton　安德烈・布勒东
André LeNôtre　安德烈・勒诺特尔
Angelica Garnett　安杰莉卡・加尼特
Anna Ancher　安娜・安克
Anna Lea Merritt　安娜・莉・梅里特
Anne Olivier Bell　安妮・奥利维尔・贝尔
Anthony Van Dyke　安东尼・范・戴克
Antonio García　安东尼奥・加西亚
Archer Milton Huntington　阿彻・米尔顿・亨廷顿
Arnold Schoenberg　阿诺德・舍恩伯格
Arthur Lett-Haines　阿瑟・莱特-海恩斯
Arthur Paul　阿瑟・保罗
August Gaul　奥古斯特・高卢
August Macke　奥古斯特・马克
Auguste Rodin　奥古斯特・罗丹
Balthasar Moretus　巴尔萨泽・莫雷图斯
Barbara Bagenal　芭芭拉・巴格纳尔
Batista Vilanus　巴蒂斯塔・维拉纳斯
Bernard Vitry　伯纳德・维特里
Berthe Morisot　贝尔特・莫里索
Bessie MacNicol　贝茜・麦克尼科尔
Beth Chatto　贝丝・查托
Blanche Hoschedé-Monet　布兰奇・奥修德-莫奈
Bloomsbury Group　布卢姆茨伯里派
Brøndums　邦德慕斯
Camille Navarre　卡米耶・纳瓦拉
Camille Doncieux　卡米耶・冬西厄
Camille Mone　卡米耶・莫奈
Camille Pissarro　卡米耶・毕沙罗
Canon Hendrick Hillewerve　卡农・亨德里克・希勒维韦
Caterina　卡泰丽娜
Cedric Morris　赛德里克・莫里斯
Ceilia Thaxter　西莉亚・萨克斯
Cesare Borgia　恺撒・博尔吉亚
Charles Darwin　查尔斯・达尔文
Charles Gleyre　夏尔・格莱尔
Charles I　查理一世
Charles Oppenheimer　查尔斯・奥本海默
Charles Vezin　查尔斯・维津
Charles-François Daubigny　夏尔-弗朗索瓦・多比尼
Clara Serena　克拉拉・塞雷娜
Clarice Cli　克拉丽斯克利夫
Clark Voorhees　克拉克・沃里斯
Claude Monet　克劳德・莫奈
Clotilde　克洛蒂尔德
Coco　可可
Constable　康斯太勃尔
Cora Weir Burlingham　科拉・威尔・柏林厄姆
Cécile　瑟丽亚
Daniel Seghers　丹尼尔・西格斯
Dante Gabriel Rossetti　丹蒂・加布里埃尔・罗塞蒂
David ‘Bunny’ Garnett　大卫・“兔子”・加尼特
Degas　德加
Delaherche　德拉哈切
Diego Rivera　迭戈・里维拉
Don Antonio de Beatis　唐・安东尼奥・德・贝亚蒂
Dora Carrington　多拉・卡灵顿
Dorothy Johnstone　多萝西・约翰斯通
Dorothy L. Sayers　多萝西・L. 塞耶斯
Dorothy Nesbitt　多萝西・内斯比特
Dorothy Weir Young　多萝西・威尔・扬
Duncan Grant　邓肯・格兰特
Duquensnoy　迪凯努瓦
E.M. Forster　E.M. 福斯特
Edouard Manet　爱德华・马奈
Edward Arthur Walton　爱德华・阿特金森・霍内尔
Edward Burne-Jones　爱德华・伯恩-琼斯
Edward James　爱德华・詹姆斯
Elena Ivanovna Diako-nova　爱莲娜・伊万诺娃・迪亚克诺瓦
Elisabeth　伊丽莎白
Elizabethan　伊丽莎白一世
Emil Hansen　埃米尔・汉森
Emil Nolde　埃米尔・诺尔德
Emile Puignau　埃米尔・普伊瑙
Emmy Dresler　艾米・德雷斯勒
Emmy Lou Packard　艾米・卢・帕卡德
Erma Bossi　厄玛・博西
Ernest Hoschedé　欧内斯特・奥修德
Ernest Taylor　欧内斯特・泰勒
Etienne Le Sidaner　艾蒂安・勒・斯丹纳
Eugène Chigot　尤金・奇戈
Ferdinand　费迪南德
Florence Griswold　佛罗伦斯・格里斯沃尔德
Francesco del Giocondo　弗朗西斯科・戴尔・乔孔多
Francesco Melzi　弗朗西斯科・梅尔兹
Francisco Marco Diaz-Pintado　弗朗西斯科・马可・迪亚斯-平塔多
Frank Lloyd Wright　弗兰克・劳埃德・赖特
François Saint Bris　弗朗索瓦・圣・布里斯
Frans Snyder　弗兰斯・斯奈德
Franz Marc　弗朗兹・马克
Frederick Bazille　弗雷德瑞克・巴吉尔
Frederick Childe Hassam　弗雷德里克・施尔德・哈森
Frederick Hollyer　弗雷德里克・霍利尔
Frederick Mac Monnies　弗雷德里克・麦克莫尼
Frida Kahlo　弗里达・卡罗
Friedrich Bauer　弗里德里克・鲍尔
Félix Alexandre desruelles　费利克斯・亚历山大・德吕埃勒
G.F. Watts　G.F. 沃兹
Gabriele Münter　加布里埃勒・芒特
Gabrielle Renard　加布里埃勒・雷纳
Gala　卡拉
Gaspard Truphème　加斯帕・特鲁菲姆
George Henry　乔治・亨利
Georges Braque　乔治・勃拉克
Georges Seurat　乔治・修拉
Georgiana Burne-Jones　乔治亚娜・伯恩-琼斯
Gertrude Jekyll　格特鲁特・杰基尔
Gian Giacomo Caprotti da Oreno　吉安・贾可蒙・卡坡蒂・达奥伦诺
Gilbert Vahé　吉尔伯・瓦依
Goethe　歌德
Grace Higgens　格蕾丝・希根斯
Guillermo Kahlo　吉列尔莫・卡罗
Gustav Klimt　古斯塔夫・克里姆特
Gustave Caillebotte　古斯塔夫・卡耶博特
Hans Vredeman de Vries　汉斯・弗里德曼・德・弗里斯
Harry Hoffman　哈里・霍夫曼
Hedwig Fröhner　黑德维希・佛勒纳
Helen Paxton Brown　海伦・帕克斯顿・布朗
Helen Stirling Johnston　海伦・斯特林・约翰斯通
Helena Fourment　海伦娜・富曼
Helga Ancher　赫尔加・安克
Henri Duhem　亨利・迪昂
Henri Le Sidaner　亨利・勒・斯丹纳
Henri Matisse　亨利・马蒂斯
Henry Ward Ranger　亨利・沃德・兰杰
Hercules　赫拉克勒斯
Honeyman　霍尼曼
Isabella Brant　伊莎贝拉・布兰特
J. Alden Weir　朱利安・奥尔登・威尔

J.M.W. Turner　J.M.W. 透纳
Jacobean　詹姆士一世
Jacobus Harrewijn　雅各布斯・哈尔温
James Craig Annan　詹姆斯・克雷格・安南
James Guthrie　詹姆斯・格思里
James Paterson　詹姆斯・彼得森
Jan Brueghel the Elder　老杨・勃鲁盖尔
Jan Wildens　简・维尔登
Jane Burden Morris　简・伯顿・莫里斯
Janie Bussy　贾妮・伯西
Jean Renoir　让・雷诺阿
Jean-Auguste-Dominique Ingres　让・奥古斯特・多米尼克・安格尔
Jenny Morris　珍妮・莫里斯
Jessie M. King　杰茜・M. 金
Joaquín Sorolla y Bastida　华金・索罗拉・亚・巴斯第达
Johannes Eichner　约翰尼斯・艾希纳
John Betjeman　约翰・贝杰曼
John Faed　约翰・费德
John Goffe Rand　约翰・戈夫・兰德
John Henry Twachtman　约翰・亨利・托契曼
John Keppie　约翰・科皮
John Kingsbury　约翰・金斯伯里
John Leslie Breck　约翰・莱斯利・布雷克
John Maynard Keynes　约翰・梅纳德・凯恩斯
John Ruskin　约翰・拉斯金
John Singer Sargent　约翰・辛格・萨金特
Jolanthe Erdmann　约兰特・埃德曼
José Jiménez Aranda　何赛・希门尼斯・阿兰达
Juan O'Gorman　胡安・奥戈尔曼
Katherine Mansfield　凯瑟琳・曼斯菲尔德
King François Ⅰ　弗朗索瓦一世
Käthe　凯蒂
La Fontaine　拉・封丹
Laurits Tuxen　劳里茨・图森
Lena Alexander　利纳・亚历山大
Leon Trotsky　利昂・托洛茨基
Leonard Woolf　雷纳德・伍尔夫
Leonardo da Vinci　列奥纳多・达・芬奇
Levi axter　利瓦伊・萨克斯特
Lisa Gherardini　丽莎・格拉迪尼
Lord Gage　盖奇勋爵
Lord Peter Wimsey　彼得・温西勋爵
Louis Auguste Cézanne　路易・奥古斯特・塞尚
Lovis Corinth　洛维斯・科林特
Ludovico Sforza　卢多维科・斯福尔扎
Lydia Lopokova　莉迪娅・洛波科娃
Lytton Strachey　利顿・斯特雷奇
Machiavelli　马基亚维利
Mackintosh　麦金托什
Madam Bendsen　本德森夫人
Madelein Bruno　马德琳・布鲁诺
Mahonri Young　马洪里・扬
Marcel "Provence"　马歇尔・"普罗旺斯"
Marcel Proust　马塞尔・普鲁斯特
Margaret Burne-Jones　玛格丽特・伯恩-琼斯
Maria Franck　玛丽亚・弗兰克
Maria Oakey Dewing　玛丽亚・奥基・杜因
Marianne von Werefkin　玛丽安娜・冯・韦雷夫金
Mariano Benlliure　马里亚诺・本利乌尔
Mariano Fortuny　马里亚诺・福图尼
Marie Duhem　玛丽・迪昂
Marie Spartali Stillman　玛丽・斯帕塔利・斯蒂尔曼
Marie Triepcke Krøyer　玛丽・特里普克・柯罗耶
Marie-Hortense Fiquet　玛丽-奥尔唐丝・富盖
Mark Divall　马克・迪瓦尔
Martha Marckwald　玛莎・马克沃尔德
Martinus Rørbye　马丁努斯・罗比
Mary Cassatt　玛丽・卡萨特
Mary Fairchild Mac Monnies　玛丽・费尔柴尔德・麦克莫尼斯
Mary Lobb　玛丽・洛布
Mary Thew　玛丽・休
Maréchal de Villars　维拉尔元帅
María Cardena　玛丽亚・卡尔德纳
Matilda Brown　马蒂尔达・布朗
Matilde　玛蒂尔德
Max Liebermann　马克思・利伯曼
Max Slevogt　马克思・斯莱沃特
May Morris　梅・莫里斯
Meilland　梅昂
Mercury　墨丘利
Michael Ancher　迈克尔・安克
Michelangelo　米开朗基罗
Minerva　密涅瓦
Modigliani　莫迪利亚尼
Morris Hunt　莫里斯・亨特
Natalia Sedova　娜塔利亚・谢多娃
Nickolas Muray　尼古拉斯・穆莱
Nicolaas II Rockox　尼古拉斯・罗库克斯二世
Nicolas George　尼古拉斯・乔治
Nina Andreevskaya　尼娜・安德烈耶夫斯卡娅
Octave Mirbeau　奥克塔夫・米尔博
Olivier van der Vynckt　奥利维尔・范・德・维尼克
Otto van Veen　奥托・范・维恩
Paolo Veronese　保罗・委罗内塞
Paul A.O. Baumgarten　保罗・A.O. 鲍姆加滕
Paul Cézanne　保罗・塞尚
Paul Durand-Ruel　保罗・杜兰-鲁埃尔
Paul Gauguin　保罗・高更
Paul Klee　保罗・克利
Paul Éluard　保尔・鄂卢亚尔
Paulette Dupré　保莉特・杜普雷
Peder Severin Krøyer　佩德・瑟夫林・柯罗耶
Petel　佩特
Peter Behrens　彼得・贝伦斯
Peter Paul Rubens　彼得・保罗・鲁本斯
Philip Burne-Jones　菲利普・伯恩-琼斯
Philip Halstead　菲利普・霍尔斯特德
Philip Leslie Hale　菲利普・莱斯利・黑尔
Philip Webb　菲利普・韦布
Piero da Vinci　皮耶罗・达・芬奇
Piero Soderina　皮耶罗・索德里纳
Pierre Bonnard　皮埃尔・博纳尔
Pierre-August Renoir　皮埃尔-奥古斯特・雷诺阿
Piet Mondrian　皮特・蒙德里安
Plantin-Moretus　普朗坦-莫雷图斯
President Diaz　迪亚兹总统
Quentin Bell　昆汀・贝尔
Raoul Dufy　拉乌尔・达菲
Raphael　拉斐尔
René Magritte　热内・玛格丽特
Richard Guino　理查德・吉诺
Richard Jones　理查德・琼斯
Roger Fry　罗杰・弗赖
Ruiz de Luna　鲁伊斯・德・卢纳
S.J. Peploe　S.J. 佩普洛
Saint-Gaudens　圣・高登斯
Salai　莎莱
Salvador Dali　萨尔瓦多・达利
Samuel John Peploe　塞缪尔・约翰・佩普洛
Seneca　塞涅卡
Singer　辛格
Sir Peter Shepheard　彼得・谢泼德爵士
Sophie Renoir　索菲・雷诺阿
T.S. Elliot　T.S. 艾略特
Tamamura Kozaburo　玉村康三郎
Theodore Robinson　西奥多・罗宾逊
The Sun King, Louis XIV　太阳王路易十四
Thomas Dewing　托马斯・杜因
Tina Modotti　蒂娜・莫道蒂
Titian　提香
Tizzie　蒂泽
Tobias Verhaecht　托拜厄斯・维尔哈希特
Vallier　瓦里尔
Van Dyck　范・戴克
Vanessa Bell　瓦妮莎・贝尔
Vebjørn Sand　韦比约恩・桑德
Verrocchio　韦罗基奥
Victoria Sackville-West　维多利亚・萨克维尔-韦斯特
Viggo Johansen　维果・约翰森
Vincent Van Gogh　文森特・梵高
Virginia Woolf　弗吉尼亚・伍尔夫
Vita Sackville-West　维塔・萨克维尔-韦斯特
Wallis Simpson　沃利斯・辛普森
Walt Disney　华特・迪士尼
Walter Crane　沃尔特・克兰
Walter Higgens　沃尔特・希根斯
Wardle　沃德尔
Wassily Kandinsky　瓦西里・康定斯基
Willard Metcalf　威拉德・梅特卡夫
Willem van Haecht　威廉・范・哈切特
William Burrell　威廉・伯勒尔
William Chadwick　威廉・查德威克

作品名

Wannsee Garden 《画家的孙女和女家庭教师在万塞花园》
The Artist's House at Argenteuil 《画家的阿让特伊之家》
The Avenue at Jas de Bouffan 《加德不凡的大道》
The Balcony in Vernonnet 《韦尔农涅的露台》
The Blue Table 《蓝桌子》
The blurred edges of Garden in Murnau 《穆尔瑙花园的模糊边缘》
The Book of Perspective 《透视》
The Captive Butterfly 《被俘的蝴蝶》
The Card Players 《玩纸牌者》
The Christ 《十字架上的基督》
The Crimson Ramber 《深红蔷薇》
The Doorway 《门口》
The Druids 《德鲁伊》
The Frame 《框架》
The Gallery of Cornelis van der Geest 《科内利斯·范·德·吉斯特的画廊》
The Garden at Bellevue 《贝尔维尤的花园》
The Garden at Bougival 《布吉瓦尔的花园》
The Garden at Sainte-Adresse 《圣阿德雷斯的露台》
The Garden in the Rue Cortot 《柯尔拓街上的花园》
The Gulf of Marseilles seen from L'Estaque 《埃斯塔克的海湾》
The Hedge Cutter 《树篱修剪工》
The Honeysuckle Bower 《金银花凉亭》
The House at Jas de Bouffan 《加德不凡的房子》
The House by the Church, Gerberoy 《教堂旁的住宅，日尔贝路瓦》
The Last Supper 《最后的晚餐》
The Little White Town of Never-Weary 《永不疲倦的白色小镇》
The Monet Family in their Garden at Argenteuil 《阿让特伊花园中的莫奈一家》
The Old Garden House 《古老的花园别墅》
The Painter on the Road to Tarascon 《前往塔拉斯孔的画家》
The Pistachio Tree in the Courtyard 《庭园中的开心果树》
The Pond at Charleston 《查尔斯顿的池塘》
The Pool at Jas de Bouffant 《加德不凡的水池》
The Quarry at Bibémus 《比贝幕斯的采石场》
The Raising of the Cross 《耶稣上十字架》
The Red House 《红屋》
The Rose Garden at Dusk 《黄昏时分的月季花园》
The Roses of Picardy 《皮卡第的玫瑰》
The Rubenshuis in Antwerp 《安特卫普的鲁本斯故居》
The Secret Life of Dali 《萨尔瓦多·达利之秘密生活》
the Spink 《斯平克》
The Strawberry Thief 《草莓小偷》
The Table in the White Garden 《白色花园中的桌子》
The Terrace at the Les Lauve 《雷罗威的庭园露台》
The Tower with Lanterns 《挂着灯笼的凉亭》
The Useful Garden in Wannsee to the West 《万塞花园西边的实用花园》
The Virgin and Child with Saint Anne 《圣母子与圣安妮》
The Virgin of the Rocks 《岩间圣母》
The Walk in the Garden 《花园漫步》
The White Garden at Twilight 《暮光重的白色花园》
Two women in the garden 《花园里的两个女人》
Untitled. Swallows Tail and Cellos (The Catastophes Series) 《燕子的尾巴——突变系列》
Valley of the Seine, from the hills of giverny 《从吉维尼山丘上俯视塞纳河岸》
Van Gogh Painting Sunflowers 《画向日葵的梵高》
Venus Victrix 《胜利女神维纳斯》
View of Antewerp 《安特卫普的景色》
View of Kelmscott from the Old Barn 《从旧谷仓看凯姆斯科特》
Vision of Spain 《西班牙的愿景》
Water Lilies 《睡莲》
Water Lily Pond 《莲池》
Water Willow 《水柳》
White Rosesfrom my Home Garden 《摘自我家花园中的白玫瑰》
Will He Round The Point 《他会在那附近吗》
Willow 《柳叶》
Willow Bough 《柳枝》
Woman with a Parasol 《撑阳伞的女人》
Woman with a Parasol in a Garden 《公园里带阳伞的女人》
Young Woman 《年轻女人》

其他

Academie des Beaux-Arts 法兰西美术学院
Alba Maxima 月季“阿尔巴·马克西姆”
Alhambra 阿尔罕布拉宫
Alnus glutinosa 欧洲桤木
Als 阿尔斯
Alsen 阿尔森
Amaranthus caudatus 尾穗苋
Anahuacalli 阿纳华卡里
Andalusia 安达卢西亚
Andalusian-style 安达卢西亚风格
Anemone nemorosa 丛林银莲花
Angouleme 昂古莱姆
Antwerp 安特卫普
Appledore 阿普尔多尔
Applied Art Fairs 实用艺术展
aquilegias 楼斗菜
Argenteuil 阿让特伊
Asheham 阿舍姆
Atropurpurea 睡莲“阿特罗普尔普拉亚”
Auvers-sur-Oise 奥维尔镇
Barbizon 巴比松
Baroque 巴洛克
Beauvais 博伟
Belle Époque 美好年代
Bellevue 贝尔维尤
Berlin Secession 柏林分离派
Berwickshire 贝里克郡
Bexley 贝克斯利
Bibémus 比贝幕斯
Bilbao 毕尔巴鄂
Bloomsbury 布卢姆茨伯里
Bockhorn 博克霍恩
Bomarzo 博马尔佐
Borromean Islands 博罗梅安岛
Bosporus river 博斯普鲁斯海峡
Bougival 布吉瓦尔
Brighouse Bay 布里格豪斯海湾
Brittany 布列塔尼
broken arch 断拱
Brussels 布鲁塞尔
Cadaqués 卡达克斯镇
Cagnes-sur-Mer 滨海卡涅
Calendula officinalis 盆栽金盏花
Cardinal of Aragon 阿拉贡红衣主教
Carters' Seed Catalogue 卡特种子邮购目录
Catalonia 加泰罗尼亚
Cayeux 卡约
Chamber 钱伯里
Charleston House 查尔斯顿庄园
Charleston Trust 查尔斯顿信托基金
Charlottenburg 夏洛特堡
Chateau Noir 黑色城堡
Choisya ternata 墨西哥橙花
Clematis montana 绣球藤
Cockburnspath 科克本斯佩斯
Cornish 康沃尔
Cyclamen repandum 波叶仙客来
Darmstadt 达姆施塔特
Der Blaue Reiter 蓝骑士社
Dianthus 麝香石竹
Die Ausstellung Entartete Kunst 颓废艺术展
Die Brücke 桥社
Du côté des Renoir “与雷诺阿同行”
Durbins 德宾斯
Déjazet 鸢尾“德雅泽”
Düsseldorf 杜塞尔多夫
East Anglia 东安格利亚
Edinburgh School of Art 爱丁堡艺术学院
El Pedregal 埃尔佩德雷加尔
Elzenveld monastery 埃尔森维尔德修道院
Epping Forest 埃平森林
Epte 埃普特河
Escuela de Bellas Artes de San Carlos 圣卡洛斯美术学院
Essex 埃塞克斯

Sèvres　塞夫尔
Talavera de la Reina　塔拉韦拉德拉雷纳
Thannhauser Gallery　坦恩豪瑟画廊
the Alhambra　阿尔罕布拉宫
the Art Worker's Guild　艺术工会
the Basque Country　巴斯克自治区
the Colhuas　卡尔赫斯人
the firm of Brenda Colvin and Hal Moggridge　布伦达・科尔文和哈尔・莫格里奇公司
the First Garden　第一花园
the garden of falling rocks　落石花园
the Generalife garden　轩尼洛里菲花园
the Glasgow Boys　格拉斯哥男孩
The Golden Horn Bridge　金角湾大桥
The Grandes Decorations　大装饰画
the Hall of the Bear　熊厅
The Hornel Trust　霍内尔信托基金
the Low Countries　低地诸国
the National Art Training School　国立艺术培训学校
The National Trust for Scotland　苏格兰国家信托
the Oval Room　卵形屋
the Room of the Birds　鸟屋
the Royal College of Art　皇家艺术学院
the Second Garden　第二花园
the Society of Antiquaries　古文物协会
the Sultan of Istanbul　伊斯坦布尔的苏丹
the Third Garden　第三花园
the Women's Guild of Arts　妇女艺术工会
the Xitle volcano　希特尔火山
Triana　特里亚纳
Trollius　金莲花
Twentieth Century German Art　20 世纪德国艺术展
Twickenham　特威克纳姆
Utenwarf　欧蒂沃夫
Valencia　瓦伦西亚
Verbascum olympicum　奥林匹克毛蕊花
Verdon Canal　韦尔东运河
Vernonnet　韦尔农涅
Viburnum opulus　欧洲荚蒾
Villa Dagminne　达明尼别墅
Villa Marlier　马里耶别墅
Villa Pax　帕克斯别墅
Viola cornata　丛生三色堇
Vétheuil　韦特伊
Völsunga　沃尔松格
Walchenseean　瓦尔兴湖
Walthamstow　沃尔瑟姆斯顿
Wapper　瓦珀
Water House　水屋
Weimar　魏玛
Weimar Saxon Grand Ducal Art School　魏玛・萨克森大公爵艺术学院
William Falconer　睡莲“威廉・福尔克纳”
Woodbury　伍德伯里
Woodford Hall　伍德福德庄园
Xerochrysum bracteatum　蜡菊
Yerres　耶尔
Yokohama Shashin　横滨写真
Zantedeschia　马蹄莲属植物
École des Beaux-Arts　巴黎美术学院
Étaples　埃塔普勒

致谢及图片版权

The author would like to thank all the custodians, museum curators and gardeners who advised and helped with this project. Special thanks go to:

Château du Clos Lucé – Parc Leonardo da Vinci
François Saint Bris, Irina Metzl, David Nabon and Carol Geoffroy

Rubenshuis, Antwerp
Dr. Ben van Beneden

Aix-en-Provence
Joëlle Benazech and Dominique Cornillet, Nick and Judi Carter

Cagnes-sur-mer
Christelle de Caires (Office de Tourisme de Cagnes-sur-Mer)
Jean-Marc Nicolaï and M. Pinkowitz (Musée du Renoir)

Du Côté des Renoir, Essoyes
Coralie Delauné, Phillipe Talbot, Françoise Tellier and Nicolas George Landscapes

Liebermann-Villa am Wannsee
Dr Martin Faass and Sandra Köhler

Museo Sorolla
Consuelo Luca de Tena

Association Henri Le Sidaner en son Jardin de Gerberoy
Dominique Le Sidaner and Tom Dabek

Stiftung Seebüll Ada und Emil Nolde
Dr. Astrid Becker

Museos Frida Kahlo y Diego Rivera Anahuacalli
Ximena Jordán

Fundació Gala-Salvador Dalí
Jordi Artigas i Cadena

Fondation Claude Monet, Giverny
Ombelline Lemaitre, Jan Huntley and Jean-Marie Avisard
Claire Gardie (Maison Claude Monet à Vétheuil)

Skagens Kunstmuseer
Niels H. Bünemann

National Trust for Scotland, Broughton House
Carol Ryall and Mike Jack

Kelmscott Manor (Society of Antiquaries)
Gavin Williams and Celia James

Florence Griswold Museum
Tammi Flynn and Amy Kurtz Lansing

Shoals Marine Laboratory
Samantha Claussen

Weir Farm National Historic Site
Kristin Lessard

Gabriele Münter-und Johannes Eichner-Stiftung
Dr Isabelle Jansen and Dr Marta Koscielniak

Charleston
Dr Darren Clarke, Fiona Dennis, Fiona Grindley and Chloe Westwood

PICTURE CREDITS

Key: t = top; b = bottom; l = left; r = right; m = middle; montage numbers start at 1 for top left, and continue clockwise.

All artworks by **Frida Kahlo**: © Banco de México Diego Rivera Frida Kahlo Museums Trust, Mexico, D.F./DACS 2019; **Salvador Dalí**: Art © Salvador Dalí, Fundació Gala-Salvador Dalí, DACS 2019. Image Rights of Salvador Dalí reserved. Fundació Gala-Salvador Dalí, Figueres, 2019; **Emil Nolde**: © Nolde Stiftung Seebüll; **Gabriele Münter**: DACS 2019; **German Expressionists historic photos:** Gabriele Münter- und Johannes Eichner-Stiftung, Munich; **Vanessa Bell**: © Henrietta Garnett; **Duncan Grant**: © Estate of Duncan Grant. All rights reserved, DACS.

© **Aix-en-Provence Tourism/Sophie Spiteri**: 47 montage 3; **akg images**: 72 r and: Erich Lessing 28; **Alamy** and The Picture Art Collection 12, 49, 89 tr, 175 b; History and Art Collection 16; Ian Dagnall 32; Peter Barritt 39, 121; Hemis 41 t, 57 montage 4, 61 montage 2 and 4; Classic Image 45; Historic Images 48; Heritage Image Partnership Ltd 50, 53, 133 t, 133 b, 201 t; Hervé Lenain 57 montage 1; Peter Horree 64, 86, 91 b, 99, 203 t; Bildarchiv Monheim GmbH 69; Jonathan Yadin 71 montage 2 and 6; Luise Berg-Ehlers 71 montage 3; StockFood GmbH 71 montage 5; History and Art Collection 73 t, 73 b, 88, 92 b, 169; blickwinkel 74 –75, 96; Galleria Internazionale d'Arte Moderna di Ca' Pesaro, Venice/Azoor Photo 76; Les. Ladbury 93 montage 6; Maria Heyens 103 montage 3 and 4; Kuttig - Travel 105; Nickolas Muray Photo Archives/Lucas Vallecillos 107; Photononstop 119; amc 123; Jerónimo Alba 127 b; Artepics 131; Archivart 134 t; Chronicle 136, 166; The History Collection 150 b; Jim Allan 156, 163, 165; Eye Ubiquitous 159 b; GL Archive 170; age fotostock 172 l, 172 r; Painters 173 tl; Neil McAllister 180, 181; Stan Tess 186 b; Heritage Image Partnership Ltd 195, 202; Aclosund Historic 196; dpa picture alliance archive 199; Granger Historical Picture Archive 206; foto-zone 209 t; © **Archives du Musée Renoir Ville de Cagnes-sur-Mer**: 51; © **Arts Council Collection, Southbank Centre**: 211; **Arts Museum of Nantes**: 89 br; © **Association Henri Le Sidaner en son jardin de Gerberoy** 87, 89 bl, 90 b, 91 t, 92 t, 93 montage 1, 2, 4 and 7, 94; **Bridgeman Images** and: Royal Collection Trust © Her Majesty Queen Elizabeth II, 2019 25 t, 25 b; Private Collection 55, 167; Museum of Fine Arts, Houston, Texas, USA/Bequest of Margaret Eugenia Biehl 90 t; Private Collection/Photo © Christie's Images 102, 194; Harry Ransom Center, University of Texas at Austin, Austin, USA 111; Walker Art Gallery, National Museums Liverpool 162 t; Delaware Art Museum, Wilmington/Samuel and Mary R. Bancroft Memorial 173 bl; Private Collection/Photo © The Bloomsbury Workshop, London 209 b; © **Château du Clos Lucé**: 17, 23 montage 6, and: Léonard de Serres 21 t, 21 b, 22, 23 montage 1, 2, 4 and 5, 27; © **The Charleston Trust**: 208, 210, 214 t; © **Fundació Gala-Salvador Dalí**: 124; © Florence Griswold Museum: 6, 13, 182, 185 t, 185 b, 187 and: Gift of Mrs. Elizabeth Chadwick O'Connell 183; **Getty Images** and: Prisma Bildagentur/Universal Images Group 2 –3; Buyenlarge 4; Fine Art Images/Heritage Images 46 t, 84, 130, 140; Alain BENAINOUS/Gamma-Rapho 47 montage 6; Pictures Inc./Pictures Inc./The LIFE Picture Collection 60; Hulton Archive 62; ullstein bild/ullstein bild 68; stockcam 109; Graphic House 114; Jerry Cooke/Corbis 116; © Historical Picture Archive/CORBIS/Corbis 168; Jeff Overs/BBC News & Current Affairs 215; © **Jackie Bennett:** 179 montage 2, 3 and 4; © **Liebermann Villa** and: © Max Liebermann Society 66 l, 66 r, 71 montage 1 and 4, 72 l; SMB - Nationalgalerie, Foto: Julia Jungfer 67; **Library of Congress** 190 t; **Metropolitan Museum of Art, New York:** 14 –15 & 44t, 31 t, 31 b, 43 t, 43 b, 134 b, 139, 174 background, 174 t, 174 b, 191 t, 201 b; © **Mimi Connolly:** 207, 213 b, 214 b, 217 t, 217 b; © **Museo Sorolla:** 80, 81 l; © **National Trust for Scotland, Broughton House & Garden** 157, 161, 162 b, 164; © **Peter E. Randall:** 191 b; © **Richard Hanson:** 47 montage 4, 57 montage 5, 93 montage 5, 204; © **Rubenshuis:** 29, 34, 37 and: © Ans Brys 33 t, 33 b, 36; © **The Society of Antiquaries of London (Kelmscott Manor):** 176; **Shutterstock.com** and: 8, 30, 63, 135, 141; 19 t, 19 b; 58, 61 montage 1; 59, 61 montage 3 and 5, 137 montage 1 and 5; 83 montage 7; 83 montage 1; 83 montage 4; 83 montage 6; 100, 101 b, 103 montage 1, 6 and 7; 106, 113 montage 3 and 5, 113 montage 4, 115; 117; 118; 120; 127 t; 132; 137 montage 6; 137 montage 2; 137 montage 4, 143; 137 montage 3; 189 t; 197; **Skagens Kunstmuseer**: 145, 149 b, 150 t, 153 t, 155 b; **SuperStock** and: 3LH 95; Christie's Images Ltd. 152, 205; 4X5 Collection 193 t; A. Burkatovski/Fine Art Images 198 t; © **Gérard Personeni:** 57 montage 2, 3 and 6; © **Archivo Diego Rivera y Frida Kahlo, Banco de México, Fiduciario en el Fideicomiso relativo a los Museos Diego Rivera y Frida Kahlo**: 108, 110; © **Nolde Stiftung Seebüll:** 97, 98; © **Weir Farm National Historic Site:** 189 b; via **public domain/creative commons** sources and credited to the relevant collection/contributor: Van Gogh Museum, Amsterdam 1; National Gallery of Art, Washington, D.C. 7; Neue Pinakothek, Munich/Yelkrokoyade 9; Formerly in the Kaiser-Friedrich-Museum, Magdeburg 10; Getty Center, LA 11, 78; Louvre Museum, Paris 18; Royal Library of Turin 20; Als33120 23 montage 7; Andrey Korzun 23 montage 3; Uffizi Gallery, Florence 24; Petit Palais, Paris 26; Museo del Prado, Madrid 35; Private collection 38, 146 b, 155 t, 175 t; Foundation E.G. Bührle, Zürich 40; Private Collection, Courtesy of Wildenstein & Co., New York 41 b; Barnes Foundation, Philadelphia 42; Museum Folkwang 44 b; The Morgan Library & Museum, New York 46 b; Bjs 47 montage 1, 2 and 5; Musée d'Orsay, Paris 52; Fogg Art Museum, Harvard University/Daderot 54; Neue Pinakothek, Munich/Yelkrokoyade 65; Museo Sorolla/Trzęsacz 77; Museo del Prado, Madrid/Alonso de Mendoza 79; Carmen Thyssen Museum, Malaga 81 r; Adam Jones, Ph.D. 83 montage 3; Carlos Ramón Bonilla 83 montage 2; Luis García 83 montage 5; Millars 83 montage 8; Museo Sorolla/DcoetzeeBot 85; Cronimus 93 montage 3; Dirk Ingo Franke 103 montage 5; Jens Cederskjold 103 montage 2; Magnus Manske 104; Rod Waddington 113 montage 1 and 2; Alberto-g-rovi 125; Skagens Kunstmuseer 128 –29 & 146t, 144, 147, 148 l, 148 r, 153 b, 154; Los Angeles County Museum of Art 142; Loeb Danish Art Collection 149 t; Gothenburg Museum of Art 151; Walker Art Gallery, Liverpool 158; Scottish National Gallery 159 t; Yale Center for British Art, New Haven 160, 212; PKM 171 t, 171 b, 177; Birmingham Museum and Art Gallery 173 tr; Jean-Pierre Dalbéra 174 m; Daderot 179 montage 1, 5 and 6; National Academy of Design, New York 184; The Phillips Collection,Washington, D.C. 188; Smithsonian American Art Museum 190 b; Addison Gallery of American Art 193 b; Allie_Caulfield 197 br; Oktobersonne 197 bl; Lenbachhaus 198 b, 200; Museum of Fine Arts, Boston 203 b.

图书在版编目（CIP）数据

艺术家的花园 /（英）杰基·贝内特
(Jackie Bennett) 著；光合作用译 . -- 重庆：重庆大
学出版社，2023.10
书名原文：The Artist's Garden
ISBN 978-7-5689-4004-7

Ⅰ . ①艺… Ⅱ . ①杰… ②光… Ⅲ . ①观赏园艺－世
界－通俗读物 Ⅳ . ① S68-49

中国国家版本馆 CIP 数据核字 (2023) 第 123542 号

艺术家的花园
YISHUJIA DE HUAYUAN

[英] 杰基·贝内特　著
光合作用　译

责任编辑　王思楠
责任校对　王　倩
责任印制　张　策
装帧设计　韩　捷
内文制作　常　亭

重庆大学出版社出版发行
出版人　陈晓阳
社址　（401331）重庆市沙坪坝区大学城西路 21 号
网址　http://www.cqup.com.cn
印刷　北京利丰雅高长城印刷有限公司

开本：889mm × 1194mm　1/16　印张：14.25　字数：395千
2023年10月第1版　2023年10月第1次印刷
ISBN 978-7-5689-4004-7　定价：128.00元

First published in 2019 by White Lion Publishing,
an imprint of The Quarto Group.

版贸核渝字（2019）第134号